T0222194

essentials

Essentials liefern aktuelles Wissen in konzentrierter Form. Die Essenz dessen, worauf es als „State-of-the-Art" in der gegenwärtigen Fachdiskussion oder in der Praxis ankommt. *Essentials* informieren schnell, unkompliziert und verständlich

- als Einführung in ein aktuelles Thema aus Ihrem Fachgebiet
- als Einstieg in ein für Sie noch unbekanntes Themenfeld
- als Einblick, um zum Thema mitreden zu können

Die Bücher in elektronischer und gedruckter Form bringen das Fachwissen von Springerautor*innen kompakt zur Darstellung. Sie sind besonders für die Nutzung als eBook auf Tablet-PCs, eBook-Readern und Smartphones geeignet. *Essentials* sind Wissensbausteine aus den Wirtschafts-, Sozial- und Geisteswissenschaften, aus Technik und Naturwissenschaften sowie aus Medizin, Psychologie und Gesundheitsberufen. Von renommierten Autor*innen aller Springer-Verlagsmarken.

Mara Jakob · Rebecca Waldecker

Was ich gern vor dem Mathe-Studium gewusst hätte

Häufige Fragen und ehrliche Antworten

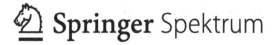

Mara Jakob
Institut für Mathematik
Martin-Luther-Universität
Halle-Wittenberg
Halle (Saale)
Sachsen-Anhalt, Deutschland

Rebecca Waldecker
Institut für Mathematik
Martin-Luther-Universität
Halle-Wittenberg
Halle (Saale)
Sachsen-Anhalt, Deutschland

ISSN 2197-6708   ISSN 2197-6716   (electronic)
essentials
ISBN 978-3-662-69202-8   ISBN 978-3-662-69203-5   (eBook)
https://doi.org/10.1007/978-3-662-69203-5

Die Deutsche Nationalbibliothek verzeichnet diese Publikation in der Deutschen Nationalbibliografie; detaillierte bibliografische Daten sind im Internet über https://portal.dnb.de abrufbar.

Planung/Lektorat: Iris Ruhmann
Springer Spektrum ist ein Imprint der eingetragenen Gesellschaft Springer-Verlag GmbH, DE und ist ein Teil von Springer Nature.
Die Anschrift der Gesellschaft ist: Heidelberger Platz 3, 14197 Berlin, Germany

Wenn Sie dieses Produkt entsorgen, geben Sie das Papier bitte zum Recycling.

Was Sie in diesem *essential* finden können

- Informationen über das Mathe-Studium an deutschen Hochschulen
- Einblicke in den Studienalltag und die Besonderheiten mathematischer Studiengänge (inklusive Lehramt)
- Antworten auf typische Fragen zum Mathe-Studium
- Tipps für ein erfolgreiches Mathe-Studium
- Audio-Angebot, gesprochen von den Autorinnen

Vorwort

Auf Hochschulinformationstagen, bei Schulbesuchen, im Familienkreis oder einfach nur so, wenn das Thema auf unseren Beruf kommt, werden wir immer wieder gefragt, was eigentlich im Mathe-Studium passiert. Viele können sich aufgrund ihrer Vorstellungen vom Fach Mathematik, so wie sie es aus der Schule kennen, kein Bild von den Inhalten des Studiums machen, von der Breite an beruflichen Möglichkeiten und von der Vielfalt an Fähigkeiten, die im Studium gebraucht werden und die nichts mit „Rechnen" zu tun haben. Gleichzeitig gibt es Vorbehalte gegenüber dem Fach, Vorurteile, Ängste, Missverständnisse und stereotype Vorstellungen davon, was für Menschen das sind, die sich gern und tiefergehend mit Mathematik beschäftigen.

Wir geben uns große Mühe, Studieninteressierte vorab mit Informationen darüber zu versorgen, was sie erwartet. Wie ist das Studium aufgebaut? Was ist festgelegt, wo gibt es Wahlmöglichkeiten? Was für unterschiedliche Studiengänge gibt es? Was für Berufsfelder stehen hinterher offen? Auch zum Inhalt eines typischen Mathe-Studiums gibt es unglaublich viel Material, nicht zuletzt zahlreiche hervorragende Bücher, Vorlesungsskripte und Videos. Trotzdem erleben wir seit vielen Jahren, dass Studis während des ersten Jahres feststellen, dass sie das ein oder andere gern vorher gewusst hätten. Auf viele Fragen wären sie vor dem Studium gar nicht gekommen, sondern sie haben sich erst in den ersten Wochen ergeben. Oder in der ersten Prüfungsphase. In Workshops oder informellen Gesprächen kommen Jahr für Jahr ähnliche Fragen und Kommentare und wir hören dann „Warum hat mir das niemand vorher gesagt?"

So sind wir, eine Professorin und eine Lehrkraft für besondere Aufgaben (und Gymnasiallehrerin für Mathe und Physik) auf die Idee gekommen, ein Büchlein zu schreiben, von dem wir denken, dass manche unserer Studis es gern vor Beginn des Mathe-Studiums gehabt hätten. Wir schreiben hier so, wie wir mit unseren Studis sprechen: Etwas informell, mit vielen Beispielen, oft bezogen auf den Standort Halle (Saale), und inspiriert von unseren Erfahrungen im Studium und als Lehrperson. Wir verwenden Abkürzungen wie „Mathe" und „Studi" und wir denken meistens an diejenigen Studiengänge bei uns an der Martin-Luther-Universität Halle-Wittenberg, mit denen wir bisher am meisten in der Lehre zu tun hatten: Mathematik LAG und LAS (Lehramt Gymnasium bzw. Sekundarschule), Bachelor Mathematik und Bachelor Wirtschaftsmathematik. Mit anderen Schulformen und Mathe-Vorlesungen für Studis aus anderen Fächern haben wir nicht so viel Erfahrung, aber vielleicht finden diese Studis das Büchlein trotzdem hilfreich. Und Studis aus Masterstudiengängen wissen doch schon, wie der Hase läuft, oder?

Wir haben hier Fragen aufgegriffen, die sich manche Studis oder Studieninteressierte stellen, und dabei haben wir bestimmt ein paar wichtige Fragen vergessen. Nicht nur, aber auch deshalb gibt es ein Audio-Angebot zu diesem Buch. Wir greifen Details auf, die im Text zu weit geführt hätten oder die nicht so recht in ein eigenes Kapitel gepasst haben, und wir möchten die Möglichkeit haben, auf Fragen zu reagieren, die Ihnen beim Lesen kommen. Schreiben Sie uns gern, was Sie besonders hilfreich fanden, was Sie überrascht hat oder wo Sie ganz anderer Meinung sind. Was haben wir vergessen? Was hätten Sie noch gern vor dem Mathe-Studium gewusst?

Zum Schluss danken wir noch herzlich Sophie Krull, Jonas Findeisen und Lean Rohlfs für viele gute Hinweise zum Buch und Iris Ruhmann für die Unterstützung bei der Umsetzung unserer Idee.

Viel Spaß beim Lesen und Zuhören wünschen

Zum Reinhören

- Vorstellung der Autorinnen
- Idee zum Buch
- Idee zum Audioangebot

sn.pub/5eXobG

Halle   Mara Jakob
Februar 2024   Rebecca Waldecker

Inhaltsverzeichnis

Ein paar gängige Missverständnisse zum Mathe-Studium

Haben Sie sich schon entschieden, oder schwanken Sie noch?

Falls Sie sich schon festgelegt haben und Mathematik studieren möchten, dann ist das eine gute Entscheidung. Herzlichen Glückwunsch!

Falls Sie noch schwanken, dann hat das vielleicht mit Fragen zu Mathematik als Studienfach zu tun, mit Unsicherheit, mit Vorurteilen, denen Sie begegnet sind, oder mit Missverständnissen.

Vielleicht interessieren Sie sich auch grundsätzlich für das Fach, sind aber unsicher, welcher Studiengang am besten passt: Mathematik? Wirtschaftsmathematik? Ein Lehramts-Studium, bei dem Mathematik eins von zwei oder mehr Unterrichtsfächern ist?

Hier sind vier Fragen, die uns besonders oft gestellt werden:

1. Ist Mathe an der Uni so wie in der Schule, nur schwieriger?

Nur teilweise. Manche Themen werden Sie aus der Schule wiedererkennen, zum Beispiel Funktionen, Gleichungen oder Konzepte aus der Geometrie. Es kommen Wörter vor wie Mengen, Abbildungen, Nullstellen, Polynome, Ableitung, lineare Gleichungssysteme. Gleichzeitig kommen aber auch viele neue Wörter und Konzepte auf Sie zu, und Sie erleben, wie Theorien von Grund auf aufgebaut und entwickelt werden. In diesem Sinne gibt es also Bekanntes, aber es kann sich auch wie ein Neustart anfühlen. Bei den vielen neuen Begriffen fühlt es sich vielleicht an, als würden Sie eine Fremdsprache lernen, mit Vokabeln und Grammatik. Sie lernen mathematisches Denken und Argumentieren, Sie lernen, Ihre Gedanken schriftlich und mündlich zu erklären, und dabei werden Sie wahrscheinlich ganz

© Der/die Autor(en), exklusiv lizenziert an Springer-Verlag GmbH, DE, ein Teil von Springer Nature 2024
M. Jakob und R. Waldecker, *Was ich gern vor dem Mathe-Studium gewusst hätte*, essentials, https://doi.org/10.1007/978-3-662-69203-5_1

neue Stärken und Schwächen an sich entdecken. Immer wieder werden Sie Themen aus dem Schulstoff wiedererkennen, oft abstrakter und eingebettet in einen größeren Kontext, und es werden auch immer wieder ganz neue Themen dabei sein, die in der Schule gar nicht behandelt werden. Deshalb erleben wir auch so oft Überraschungen! Manche Studis waren in der Schule immer super in Mathe, müssen sich an der Uni aber erst mal eingewöhnen. Andere hatten in der Schule große Schwierigkeiten und blühen dann richtig auf, wenn es ans tiefe Nachdenken und Argumentieren geht. Was auf jeden Fall hilft, ist solides Grundwissen und Sicherheit beim Rechnen, damit man bei konkreten Fragen nicht plötzlich beim Umformen von Gleichungen oder Bruchrechnen ins Stolpern gerät.

2. Mathematik ist doch nur Rechnen, oder?

Woher kommt eigentlich dieser Gedanke, dass „Mathematik" dasselbe wie „Rechnen" ist? Entsteht dieser Eindruck im Schulunterricht? Und denken wir beim Rechnen nur an konkrete Berechnungen, mit konkreten Zahlen, oder sind damit auch abstrakte Umformungen gemeint, zum Beispiel bei Gleichungen? Tatsächlich entsteht im Schulunterricht häufig der Eindruck, dass Mathematik nur aus Rechnen besteht. Das ist schade, denn dieser Eindruck stimmt nur teilweise. Je nach Gebiet spielt Rechnen (im Kopf oder mit dem Computer) eine unterschiedlich große Rolle. Manchmal geht es um Rechenmethoden inklusive theoretischer Analyse zur Geschwindigkeit und Genauigkeit, manchmal geht es um die Frage, ob etwas überhaupt in sinnvoller Zeit ausrechenbar ist, und manchmal geht es darum, möglichst wenig zu rechnen und möglichst viel von den dahinterliegenden Zusammenhängen zu verstehen. Ein Leitgedanke ist: Erst Nachdenken, dann Rechnen. Sogar dann, wenn es Verfahren gibt, ist es sinnvoll, kurz innezuhalten und zu gucken, ob so ein Verfahren anwendbar ist, und wenn ja, ob das dann auch der beste Weg ist oder ob man nicht anders schneller zum Ziel kommt. Am Anfang des Studiums spielt das konkrete Rechnen aber eher eine kleine Rolle. Hier geht es vor allem ums Argumentieren und Beweisen, häufig auch um abstrakte Umformungen, die durchaus den Charakter von Rechnungen haben können. Wenn wir das als Dozentin machen, sagen wir sogar oft, dass wir jetzt etwas „ausrechnen". Hauptsächlich sollen Sie im Mathe-Studium lernen, mathematisch sauber zu argumentieren. Gleichzeitig ist, wie oben schon erwähnt, Sicherheit bei Rechengrundlagen sehr wichtig, um z. B. in Klausuren nicht unnötig Zeit oder Punkte wegen schusseliger Rechenfehler zu verlieren.

3. Muss ich ein Genie sein, um gut im Mathe-Studium klarzukommen?

Gegenfrage: Was ist denn ein Genie?
Eine Person mit einem sehr hohen IQ?
Oder mit Superkräften beim Kopfrechnen?

Nach unserer Erfahrung gibt es sehr viele unterschiedliche Wege ins Mathe-Studium, und auch nach vielen Jahren in der universitären Lehre können wir zu Beginn des Studiums kaum vorhersagen, welche Studis gut zurechtkommen und welche Schwierigkeiten haben oder sogar das Studium abbrechen. Wir erleben da oft Überraschungen! Deshalb können wir nur Hinweise geben auf das, was uns auffällt. Wer mit guten oder sehr guten Mathe-Leistungen aus der Schule kommt und richtig Spaß an Mathe hatte, wird hoffentlich auch im Studium Spaß haben und die neuen Herausforderungen annehmen. Wer nur mäßig gut im Matheunterricht war, aber Begeisterung für schwierige Probleme und fürs Knobeln mitbringt, ist ebenfalls gut bei uns aufgehoben. Auch ein abstraktes Interesse am Aufbau einer wissenschaftlichen Theorie und Freude am Nachdenken sind gute Voraussetzungen, dafür brauchen Sie keine Kopfrechenkünste!

Ein Mathe-Studium ist ein bisschen so, als würden Sie Ihr Gehirn ins Fitness-studio schicken. Im Studio trainieren Sie Muskeln – manchmal isoliert, manchmal in Kombination. Auch ein mentales Training ist dabei, es geht um den Umgang mit den eigenen Grenzen, um Ziele und darum, konsistent am Ball zu bleiben. Im Mathe-Studium trainieren Sie Ihr Gehirn, und auch da geht es um Koordination, um Geschwindigkeit, um Ausdauer, und darum, verschiedene Fähigkeiten kombinieren zu können. Es können sehr unterschiedliche Talente und Interessen im Mathe-Studium zum Erfolg führen! Manche kommen schnell zu guten Lösungen, manche haben besonders kreative Einfälle, einige Studis sind super darin, Fehler zu finden, andere können sich tolle Beispiele ausdenken, wieder andere erklären gut, und manche stellen hervorragende Rückfragen, die allen weiterhelfen.

Um zu sehen, wie Sie klarkommen, müssen Sie sich drauf einlassen. So richtig lernen Sie Mathematik erst beim Selbermachen.

4. Ist Mathe ein „Männerfach"?

Noch vor 20, 30 Jahren haben wirklich hauptsächlich Männer Mathematik studiert, aber inzwischen hat sich das verändert und variiert zusätzlich stark bei verschiedenen Standorten und Studiengängen. In manchen Lehramts-Studiengängen ist die Anzahl an Frauen und Männern in Mathe ziemlich ausgeglichen, oder es gibt sogar mehr Studentinnen als Studenten. Falls Sie nicht auf Lehramt studieren, so kann es tatsächlich mal sein, dass Sie mit wenigen Frauen und einem Großteil männlicher Kommilitonen in Lehrveranstaltungen sitzen. Die Anzahl an Mathe-Studentinnen steigt immer noch leicht, und es gibt inzwischen auch immer mehr wissenschaftliche Mitarbeiterinnen und Professorinnen. Hier geht die Entwicklung nur langsam voran, aber immerhin. Falls Sie etwas zurückhaltend sind oder es nicht kennen, hauptsächlich von Männern umgeben zu sein, kann es sich zuerst etwas seltsam anfühlen, ein Modul zu belegen, das nur von Männern geleitet wird und wo in den Vorlesungen und Übungen fast nur männliche Kommilitonen sitzen. Wir Autorinnen kennen das Gefühl! Deshalb hoffen wir auch, dass Sie trotzdem Ihre Fragen in der Vorlesung und Übung stellen und dass Sie selbstbewusst auftreten, wenn Sie Ihre grandiose Lösung in der Übungsgruppe vorstellen. Unabhängig vom Geschlecht gilt: Jede Frage, die in Ihrem Kopf auftaucht, hat auch noch mindestens eine andere Person. Kann gut sein, dass in der Übung ein paar Leute immer so gucken, als würden sie auf Anhieb alles verstehen, aber der Eindruck täuscht oft, und in Wirklichkeit gibt es da auch noch Fragen oder Unsicherheiten. Zweifeln und häufiges Nachfragen gehören zu einem erfolgreichen Mathe-Studium dazu. Sollte es tatsächlich einmal vorkommen, dass Sie sich aufgrund Ihres Geschlechtes anders behandelt fühlen, so gibt es an jeder Universität Gleichstellungsbeauftragte, die Sie kontaktieren können. Oder Sie sprechen eine*n Dozent*in Ihres Vertrauens an.

Zum Reinhören

- den richtigen Studiengang finden
- Gleichungen und andere Themen aus Sicht der Hochschulmathematik
- Mathe studieren trotz mittelmäßiger Mathe-Note in der Schule?
- Lernaufwand in Schule und Uni im Vergleich

sn.pub/DZdNsn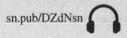

Vorlesung, Übung, Tutorium, ... was ist das alles?

Warnhinweis: Diese Begriffe werden nicht an jeder Universität oder in jedem Studiengang im gleichen Sinne verwendet. Wir besprechen hier einige typische Formate und dann zwei Beispiele bei uns in Halle (Saale). Das Wort „Vorlesung" steht für das Veranstaltungsformat „Vorlesung", wird aber auch oft stellvertretend für „Modul" verwendet. In Halle ist Ihr Mathe-Studium nämlich aus Modulen aufgebaut. Zwei typische Module am Anfang eines Mathe-Studiums sind zum Beispiel „Lineare Algebra" und „Analysis". Im Laufe des Studiums müssen Sie eine bestimmte Anzahl solcher Module absolvieren. Sobald Sie alle Pflichtmodule und eine vorgeschriebene Anzahl an Wahlmodulen bestanden haben, haben Sie Ihr Studium erfolgreich beendet.

Ein Modul in Mathematik besteht oft nur aus einer Vorlesung und einer Übung, und deshalb stellen Studis sich gegenseitig oft die Frage „Und, welche Vorlesungen hörst du nächstes Semester?" und nicht so oft „Welche Module machst du?". Im Modulhandbuch werden die verschiedenen Module und ihre Bestandteile beschrieben, inklusive der Leistungen, die Sie dafür erbringen müssen, und zu Beginn des Studiums wird das auch alles erklärt.

Die Vorlesung.
Sie findet meistens regelmäßig statt, in einem Hörsaal oder einem anderen Raum passender Größe, ein- oder zweimal pro Woche, und sie dauert normalerweise 90 Minuten. Die Vorlesung wird meistens von einem Professor oder einer Professorin gehalten, und das ist oft auch die Person, die für das zugehörige Modul hauptverantwortlich ist. Es gibt Vorlesungen, die für verschiedene Studiengänge angeboten werden und die daher ein bunt gemischtes Publikum haben. In der Grundlagenvorlesung „Lineare Algebra" sitzen bei uns in Halle zum

M. Jakob und R. Waldecker, *Was ich gern vor dem Mathe-Studium gewusst hätte*, essentials, https://doi.org/10.1007/978-3-662-69203-5_2

Beispiel Studis aus folgenden Studiengängen: Bachelor Mathematik, Bachelor Wirtschaftsmathematik, Lehramt Mathematik an Gymnasien, Lehramt Mathematik an Sekundar- oder Förderschulen. Ab und zu sind auch noch Gäste aus anderen Studiengängen dabei, etwa aus der Physik oder Informatik, einfach aus Interesse. Es gibt auch spezialisierte Vorlesungen im Bereich der Mathematik oder Mathematikdidaktik, die nach Studiengang differenzieren. Zusätzlich gibt es dann noch Vorlesungen für Studis aus anderen Fächern, die mathematische Grundlagen brauchen, wie etwa Physik, Informatik, Chemie oder Wirtschaftswissenschaften. Daher unterscheidet sich auch so stark, wie groß die Vorlesungen sind und wie sie durchgeführt werden. Vielleicht ist es ein großer Hörsaal mit 180 Leuten, vielleicht ein Seminarraum mit zehn. Der Besuch der Vorlesungen ist bei uns immer freiwillig, aber: Hier wird vermittelt, worum es inhaltlich geht, was Sie für die Übungsaufgaben brauchen und was später in der Prüfung relevant ist.

Grundsätzlich empfehlen wir den persönlichen Besuch der Vorlesungen, so gut es möglich ist. Das gilt auch dann, wenn Sie aufgrund von Gesprächen mit Studis aus höheren Semestern (oder Gerüchten) denken, dass Sie mit Vorlesungen inhaltlich oder wegen der Dozent*innen nicht gut zurechtkommen. Bitte machen Sie sich immer selbst ein Bild! Natürlich wissen wir, dass es gute Gründe geben kann, warum Studis nicht zur Vorlesung kommen können oder wollen. Das hängt u. a. vom Format ab: Manchmal werden vorbereitete Folien gezeigt, vorgelesen und erklärt, manchmal wird alles an die Tafel geschrieben, manchmal ist es eine Mischung. Je nach Dozent*in müssen Sie sehr schnell sehr viel mitschreiben, oder Sie dürfen Fotos machen, oder es gibt sogar ein Vorlesungsskript. Manche erlauben Fragen zwischendurch oder ermutigen sogar zum Fragenstellen, manche finden es besser, wenn die Studis bis zum Ende warten und ihre Fragen erst dann stellen. Es ist total unterschiedlich, wie interaktiv die Vorlesungen sind, wie schnell es geht, wie laut oder leise es im Hörsaal ist und ob und wie die Dozent*innen darauf reagieren. Die Bandbreite ist also groß, Vorlesungen können sehr unterschiedlich ablaufen, und dementsprechend vielfältig sind die Möglichkeiten, dann mit dem Stoff zu arbeiten. Dazu später mehr! Vor allem dann, wenn Sie den Stoff schwierig finden, empfehlen wir, zur Vorlesung zu kommen und die Möglichkeit zur direkten Interaktion zu nutzen. Wenn es ein Skript und Vorlesungsvideos gibt, ist die Versuchung groß, zu denken, dass Sie nicht hingehen müssen und alles selbst nacharbeiten können. Nach unserer Erfahrung sind es aber nur sehr wenige Studis, die das dann wirklich konsequent und mit einem guten Zeitplan schaffen. Viele merken zu spät, dass sie doch mehr Zeit hätten einplanen müssen und dass es kurz vor der Prüfung plötzlich noch ganz viele Lücken im Stoff und Fragen gibt.

Es gibt manchmal Vorlesungen, die im Blockformat durchgeführt werden, wie ein mehrtägiger Intensivkurs, aber das kommt nicht so oft vor.

▶ **Unsere Tipps** Ton aus beim Handy (außer in Notfällen), zuhören und mitschreiben. Schreiben Sie auch Kommentare und Hinweise auf, die nicht an die Tafel geschrieben werden. Diese können beim späteren Wiederholen Gold wert sein! Wenn Sie krank sind und herumhusten und niesen, dann bleiben Sie lieber zuhause. Bestimmt gibt es Mitstudis, deren Mitschrift Sie sich ausleihen dürfen. In manchen Vorlesungen gibt es Zusatzangebote wie Tonaufnahmen oder sogar eine Videoaufzeichnung, und häufig bieten die Dozent*innen Sprechstunden an, in denen Sie Fragen stellen können. Nutzen Sie die Angebote!

Die Übung.
Manchmal heißen die Übungen auch Seminar oder Tutorium. Wir meinen damit die Lehrveranstaltung, die zu einer Vorlesung dazugehört und in der die Übungsaufgaben besprochen werden. Bei den meisten Vorlesungen gehört eine Übung dazu, mit einer oder mehreren Gruppen, je nach Anzahl der Studis. Genau wie die Vorlesung findet die Übung regelmäßig statt, meistens einmal pro Woche, und sie dauert normalerweise 45 oder 90 Minuten. Für die Übungen werden die Studis meistens in mehrere kleinere Gruppen aufgeteilt, und wir gehen dafür in Seminarräume mit bis zu 30 Plätzen, da wir dort viel besser diskutieren können als in einem großen Hörsaal. Bei den großen Grundlagenvorlesungen werden die Übungsgruppen oft nicht von den Professor*innen geleitet, sondern zum Beispiel von Doktorand*innen oder von fortgeschrittenen Studis, und hier sollten Sie regelmäßig teilnehmen. Der Grund dafür ist, dass in den Übungen geübt wird, was Sie in der Vorlesung erklärt bekommen: Sie sollen Rechnungen an Beispielen nachvollziehen oder eine Idee aus der Vorlesung in einen anderen Kontext übertragen, selbst Beweise finden, oder Sie sollen etwas konkret anwenden. Außerdem werden in den Übungen organisatorische Dinge besprochen, Termine angekündigt und Fragen rund um die Vorlesung beantwortet – das sollten Sie nicht verpassen! Die meiste Zeit wird damit verbracht, die letzte Übungsserie zu besprechen, Tipps für die nächste Übungsserie zu geben oder auch gemeinsam Aufgaben zu lösen und Fragen zu beantworten. Das wird durchaus unterschiedlich gestaltet. Manchmal werden Musterlösungen präsentiert, manchmal kommen auch Studis an die Tafel, um ihre eigene Lösung vorzustellen und dadurch zu üben, ihre Argumente zu erklären und ggf. Fragen zu beantworten. Mehr zu den Übungsaufgaben gibt es im nächsten Kapitel. Da in der Übung die „Hausaufgaben" diskutiert werden,

ist es wichtig, dass auch viele Studis zum Diskutieren da sind. Daher ist die regelmäßige Teilnahme so wichtig.

Eine der zentralen Fähigkeiten, die Sie im Mathe-Studium erwerben (und nur durch Selbermachen, nicht durch Zugucken!) ist, sauber zu argumentieren und die eigenen Gedanken nachvollziehbar zu kommunizieren. Schriftlich und mündlich. Bei den schriftlichen Hausaufgaben gibt es zum Beispiel Punktabzüge, wenn Sie inhaltliche Fehler machen oder die Fachsprache nicht richtig benutzen. Für das mündliche Üben ist die Übungsgruppe einer der wichtigsten Orte, und das ist ein extrem effektives Training für später, wenn Sie eine mündliche Prüfung haben oder einen Vortrag halten.

▶   **Unsere Tipps** Gehen Sie regelmäßig zur Übung, schreiben Sie sich vorher schon Fragen auf, die Sie stellen wollen, und melden Sie sich am besten mehrmals, um Ihre Lösung vor der Gruppe zu präsentieren. Fragen Sie nach, ob Sie gut genug erklären oder was Sie noch verbessern können.

Das Tutorium.
Manchmal wird dieses Wort anstelle von „Übung" verwendet, oder es bezeichnet eine freiwillige Übung, in der die Lösungen einfach vorgerechnet werden und die Studis selbst nicht viel machen müssen. Bei uns in Halle ist ein Tutorium ein freiwilliges Zusatzangebot, das es manchmal bei großen Vorlesungen gibt. Es ist wie eine Fragestunde aufgebaut, wird häufig von fortgeschrittenen Studis durchgeführt, und Sie bekommen dort zum Beispiel Hilfe bei den Übungsaufgaben oder bei der Nachbearbeitung des Vorlesungsstoffs. Es gibt auch Modelle, in denen der Vorlesungsstoff jede Woche punktuell wiederholt und mit noch mehr Beispielen ausgestattet wird. Bei uns rückt dieses Format etwas in den Hintergrund, seit wir das Lernzentrum „Mathe-Treffpunkt" haben.

Der Mathe-Treffpunkt bei uns in Halle.
An vielen deutschen Universitäten gibt es inzwischen Lernzentren für Mathematik – bei uns heißt es „Mathe-Treffpunkt". In einem Lernzentrum treffen sich Mathe-Studis zum Lösen der Übungsserien, zum Nacharbeiten der Vorlesung oder zum Lernen für Prüfungen. Dabei können sie Hilfe von den dort anwesenden Tutor*innen bekommen, welche meistens selbst Studis aus höheren Semestern sind. Der Mathe-Treffpunkt richtet sich hauptsächlich an Erstsemester-Studis und unterstützt diese beim Einstieg in das Mathe-Studium. Es ist der ideale Ort, um außerhalb der Vorlesungen und Übungen Fragen zu den Aufgaben oder Vorlesungsinhalten loszuwerden, Kontakte zu anderen Studis zu knüpfen und sich

gegenseitig zu helfen. Die Tutor*innen nehmen sich alle Zeit, die nötig ist, um auf die Probleme der Studienanfänger*innen einzugehen. Und auch dann, wenn Sie keine konkreten Fragen mitbringen, können Sie hier mit Ihren Mitstudis ins Gespräch kommen und zum Beispiel eine Lerngruppe gründen.

▶ **Unsere Tipps** Trauen Sie sich, das Lernzentrum einmal zu besuchen, ob mit oder ohne konkrete Fragen. Haben Sie keine Angst davor, dass Sie sich dumm anstellen könnten. Es ist vollkommen normal, zu Beginn des Studiums viele Fragezeichen im Kopf zu haben, und die Tutor*innen haben Freude daran und schon viel Erfahrung damit, die Fragezeichen mit Ihnen gemeinsam in Ausrufezeichen zu verwandeln.

Seminare bei uns in Halle.
Manchmal wird das Wort „Seminar" anstelle von „Übung" verwendet. Bei uns in Halle ist das Seminar eine eigene Veranstaltungsform und heißt je nach Studiengang Pro- oder Fachseminar (oder Fachseminar Master), oft mit einem Zusatz zum thematischen Schwerpunkt. In dieser Lehrveranstaltung sollen Studis sich ein Thema selbstständig erarbeiten und dann, natürlich mit Anleitung und Hilfestellung von den Dozent*innen, einen Vortrag zu dem Thema ausarbeiten und vor der Seminargruppe halten. Dazu gehört auch eine schriftliche Ausarbeitung. Im Idealfall lernen Sie hier, sich ein Thema zum ersten Mal selbstständig zu erschließen, eigene Schwerpunkte zu setzen und dann zu entscheiden, wie Sie das Thema in einem Vortrag präsentieren (u. a. welche Medien Sie nutzen und wie Sie vor einer Gruppe sprechen) und wie Sie selbst einen längeren, zusammenhängenden mathematischen Text schreiben. Hier werden also viele wichtige Fähigkeiten trainiert! Unter dem Modultitel „Fachseminar" kommt diese Veranstaltungsform bei uns in Halle immer vor, egal, ob Sie in einem Bachelor-, Master- oder Lehramts-Studiengang sind. Dies ist ein Bereich, in dem Lehramts-Studis manchmal Vorteile haben, denn durch Veranstaltungen in der Mathematikdidaktik, Psychologie oder Pädagogik kennen sie es vielleicht schon, dass Hausarbeiten geschrieben und Vorträge gehalten werden müssen. Falls Sie also Mathematik in einem Lehramts-Studiengang studieren, am besten noch in Kombination mit einem geisteswissenschaftlichen Fach, dann werden Sie einige der typischen Schwierigkeiten bei Seminaren gar nicht haben oder werden gut damit umgehen können.

▶ **Unsere Tipps** Überlegen Sie rechtzeitig, in welchem Semester und in welchem Bereich der Mathematik Sie ein Fachseminar belegen möchten und nehmen Sie alle Informationsmöglichkeiten wahr – nicht nur zum Inhalt, sondern auch zur Länge der Vorträge, zu den erlaubten oder vorgeschriebenen Quellen und Hilfsmitteln und zu den Präsentationsmedien. Planen Sie eher großzügig Zeit ein, um sich einzulesen, den Vortrag zu skizzieren, Fragen zu stellen und den Vortrag einmal übungsweise zu halten, bevor es ernst wird.

Zum Reinhören

- Vorlesen und Vorlesungen
- Anwesenheitspflicht
- Vorteile der Teilnahme in Präsenz

sn.pub/CN3JUQ

Was sind und was sollen Übungsserien?

3

An vielen Universitäten ist die Abgabe von wöchentlichen Übungsserien im Mathe-Studium Standard. Jede Woche bekommen die Studis zum jeweiligen Modul ein Aufgabenblatt, die sogenannte Übungsserie, und dann sollen innerhalb einer Woche die Aufgaben bearbeitet werden. Die Lösungen geben sie dann ab, digital oder analog, und diese werden bewertet. Manchmal reicht eine sinnvolle Bearbeitung, manchmal wird genau korrigiert und es werden Punkte vergeben, und die Punktzahl entscheidet am Ende darüber, ob die Studis eine bestimmte Leistung für das Modul erhalten oder nicht. Wenn Sie im ersten Semester die klassischen Module Analysis und Lineare Algebra hören, dann haben Sie also pro Woche zwei Übungsserien zu bearbeiten. Häufig ist es so, dass Sie insgesamt, über den Zeitraum der ganzen Lehrveranstaltung, eine gewisse Prozentzahl der Punkte wie zum Beispiel 50 % erreichen müssen.

Im Grunde sind die Übungsserien also so etwas wie Hausaufgaben, aber sie unterscheiden sich stark von den Hausaufgaben, die Sie aus der Schule kennen. Wie lange haben Sie an den Schul-Hausaufgaben gesessen? Vielleicht eine Stunde? Vielleicht auch mal nur 20 Minuten? Das ist bei den Übungsserien häufig anders. Bei Schul-Hausaufgaben sind oft ähnliche Aufgaben wie im Unterricht zu lösen, oder es wird ein Verfahren angewendet, das im Unterricht schon eingeübt wurde. In den Übungsserien im Mathe-Studium kommen solche Aufgaben zwar auch vor, aber darüber hinaus gibt es manchmal schwierigere Aufgaben, über die Sie länger nachdenken müssen oder bei denen Sie eine gute Idee brauchen und die Sie dazu zwingen, sich mit dem Vorlesungsstoff intensiv auseinanderzusetzen. Die meisten Studis, die wir kennen, verbringen pro Woche fünf bis 15 Stunden mit einer Übungsserie und arbeiten damit gleichzeitig den Vorlesungsstoff intensiv nach. Interessant fanden wir die Rückmeldungen einzelner Studis, dass

M. Jakob und R. Waldecker, *Was ich gern vor dem Mathe-Studium gewusst hätte*, essentials, https://doi.org/10.1007/978-3-662-69203-5_3

es ihnen in der Einstiegsphase des Studiums sehr geholfen hat, zu wissen, was bei den Übungsaufgaben wichtig ist und dass man genug Zeit für die Bearbeitung (und ggf. Nachbereitung) einplanen muss. Das bedeutet auch, dass Sie bei Mathe-Vorlesungen diese Zeit für die Übungsaufgaben und die Vorlesungsnachbearbeitung mit einplanen sollten, wenn Sie Ihren Stundenplan zusammenstellen. Es passiert zu Beginn des Studiums oft, dass Studis diesen Zeitaufwand „um die Vorlesungen herum" unterschätzen.

Wie sollten Sie nun beim Bearbeiten der wöchentlichen Übungsaufgaben vorgehen? Wir empfehlen unseren Studis diese Reihenfolge:

1. Aufgabe lesen.
2. Sicherstellen, dass Sie alle Wörter kennen, die in der Aufgabenstellung vorkommen. Sonst nachschauen und ggf. fragen, ob Sie es richtig verstanden haben.
3. Machen Sie sich klar, ob Sie etwas zeigen sollen oder ob Ihnen eine Frage gestellt wird. Falls Sie etwas zeigen sollen, was genau? Ist Ihnen klar, was Sie tun sollen?

Bei Fragen müssen Sie sowieso erst mal auf einem Schmierzettel überlegen, was los ist. Dann muss eine Behauptung formuliert und bewiesen werden. Dabei können Sie sich Hilfe holen, zum Beispiel im Mathe-Treffpunkt, bei anderen Studis oder in einer Sprechstunde! Und sonst: Wenn eine Definition nachgeprüft werden muss, dann müssen Sie genau nachschauen, was Sie dafür alles zeigen müssen und das dann ordentlich strukturiert hinschreiben. Müssen Sie alles „zu Fuß" nachrechnen oder können Sie ein Resultat aus der Vorlesung benutzen? Wenn Sie ein Resultat aus der Vorlesung benutzen möchten, müssen Sie dessen **Voraussetzungen** genau nachprüfen und dann auch **deutlich sagen,** dass Sie nun dieses Resultat verwenden.

Und wenn es einfach nicht klappt?
Dann:

1. Eine Nacht drüber schlafen und am nächsten Tag noch einmal draufschauen.
2. Wenn es dann immer noch nicht geht, mit ein paar Mitstudis darüber reden.
3. Wenn es dann immer noch nicht geht, im Tutorium, im Mathe-Lernzentrum oder in einer Sprechstunde nachfragen und genau erklären, wo es klemmt.
4. Wenn es dann immer noch nicht geht, erst mal eine andere Aufgabe anschauen! Sie müssen ja nicht jedes Mal alle Aufgaben bearbeiten.

▶ **Unsere Tipps**

1. Verzweifeln Sie nicht, wenn Sie in den ersten Übungsserien nicht so viele Punkte bekommen und ziemlich viel „herumgemeckert" wird. Häufig liegt das daran, dass Sie am Anfang noch nicht geübt darin sind, Ihre Gedanken genau und klar genug aufzuschreiben. Schauen Sie dazu auch in das Kapitel zu „Genauigkeit". Bleiben Sie am Ball und nutzen Sie die Angebote, um Fragen zu stellen. Wenn Sie sich jede Woche mit den Übungsserien auseinandersetzen und diese bearbeiten, werden Sie keine großen Probleme haben, auf die erforderliche Punktzahl zu kommen. Und wenn doch: Sprechen Sie mit anderen Studis, mit Tutor*innen oder Dozent*innen und fragen Sie nach Ratschlägen. Wir alle kennen diese Probleme und helfen wirklich gern.

2. Überlegen Sie bereits bei der Bearbeitung der Aufgaben, ob Sie eventuell eine der Aufgaben in der Übung vorstellen möchten. Je besser Sie die Lösung zu der Aufgabe formulieren, umso leichter fällt Ihnen das Vorstellen in der Übungsgruppe.

Zum Reinhören

- Zeitaufwand
- Umgang mit Verständnisproblemen
- Korrektur der Aufgaben
- leichte und schwierige Aufgaben
- Stundenplan selbst zusammenbauen

sn.pub/PzKwM1

Wie lese ich Mathe-Texte?

4

Wir kennen es aus unserem eigenen Mathe-Studium noch so, dass in den meisten Vorlesungen alles an die Tafel geschrieben wurde und dass die Studis alles abschreiben mussten. Heute gibt es oft kurze oder sogar lange ausformulierte Skripte, Vorlesungsvideos oder Audio-Aufzeichnungen. Manchmal werden auch Literaturempfehlungen gegeben, sodass Sie den Vorlesungsstoff ergänzen können, indem Sie in Bücher schauen, in andere Vorlesungsskripte oder auf Internetseiten. Ergänzende Literatur kann sehr hilfreich sein, weil Sie dann üben, sich mit unterschiedlicher Notation auseinanderzusetzen und genau aufzupassen, ob da, wo anscheinend das Gleiche steht, auch wirklich das Gleiche gemeint ist. Sie lernen also, bei den Details sehr genau zu sein, und gleichzeitig lernen Sie verschiedene Perspektiven auf den gleichen Stoff kennen. Dabei gibt es viel zu beachten, und gleich vorweg möchten wir anmerken, dass Texte unterschiedlich verfasst sind je nachdem, wer damit angesprochen werden soll. Das steht aber nicht immer explizit dabei. So kann es zu Verwirrung kommen, wenn Texte zum Beispiel für Abiturient*innen geschrieben sind und dort Wörter vorkommen, die Sie so ähnlich aus dem Studium kennen, die aber in der Schule anders verwendet werden als in der Mathematik an der Hochschule. Oder es werden vielleicht Beispiele besprochen und Aufgaben gelöst, so wie es in der Schule gemacht wird, aber die Art der Darstellung passt nicht dazu, wie Sie im Studium Ihre Lösungen für Übungsaufgaben aufschreiben sollen.

Zum Lesen mathematischer Texte kommen zu Beginn des Studiums häufig Fragen. Je nach Stil des Buchs oder Skripts und je nach Erwartungshaltung der Studis kommt dann gern mal „Warum steht da so viel Text?" oder auch „Warum steht da so wenig Text und alles ist voll von Symbolen?". Mit der Zeit und mit etwas Übung gewöhnen Sie sich an unterschiedliche Stile und können sich

15

M. Jakob und R. Waldecker, *Was ich gern vor dem Mathe-Studium gewusst hätte*, essentials, https://doi.org/10.1007/978-3-662-69203-5_4

dann schnell orientieren, um zum Beispiel auf Ideen zu kommen, ein bestimmtes
Resultat zu finden oder die Behandlung eines Themas in verschiedenen Quellen zu vergleichen. Das Lesen eines mathematischen Textes unterscheidet sich
stark vom Lesen eines, sagen wir mal, Romans. Für uns Autorinnen gilt zum
Beispiel: Wenn wir ernsthaft mathematische Texte lesen und nicht nur überflie-
gen, dann lesen wir langsam und mit Papier und Stift dabei. Wir fragen uns
die ganze Zeit „Warum ist das so?" und machen uns Notizen, schreiben Details
und Nebenbemerkungen auf, führen Rechnungen in kleinen Schritten aus, die
im Text nur angedeutet werden, oder wir schreiben auf, dass wir etwas suchen
und zurückblättern müssen. Häufig springen wir beim Lesen hin und her, da wir
beispielsweise ein Resultat nicht ohne die darüberstehende Definition verstehen
können. Falls etwas unklar ist, dann hilft es häufig nicht, einfach weiter zu lesen.
Anders als bei einem Roman klärt sich das Unverstandene nicht durch Weiterlesen von selbst, sondern im schlimmsten Fall führt es zu einer Reihe von weiteren
Unklarheiten oder Missverständnissen. Es ist sehr aktives Lesen und Mitdenken,
und häufig schreiben wir das Gelesene noch einmal in einer anderen Formulie-
rung selbst auf. Ähnlich sehen Vorlesungsskripte aus, wenn Studis beim Zuhören
in der Vorlesung zusätzliche Notizen an den Rand oder in die Lücken schreiben.
Was wir erst durch Erfahrung gelernt haben und was Sie wahrscheinlich auch so
lernen werden, ist der Unterschied zwischen „nachvollziehen" und „verstehen".
Klar können wir einen Text lesen, ein Argument, einen Beweis, und können
den Text dann nachvollziehen. Im Sinne von „Klingt gut, klingt sinnvoll, glaub
ich.". Aber verstanden haben wir es erst, wenn wir es in eigenen Worten erklären
oder selbst machen können, ohne ins Buch zu schauen. Manchmal fallen Studis
bei Prüfungen durch und wundern sich, denn sie haben doch das Skript so oft
durchgelesen! Je nachdem, was das für ein „Durchlesen" war, reicht das eben
nicht.

Übrigens gilt das auch fürs Zuhören in der Vorlesung, in der Übung oder bei
Fachvorträgen. Auch da müssen Sie, wenn Sie wirklich etwas lernen möchten,
sehr aktiv zuhören, und für viele heißt das: Mitschreiben, oder zumindest ein paar
Notizen machen. Es ist Typsache, wie ausführlich das ist und wie viel Sie durch
das Mitschreiben beim Zuhören verpassen. Manche von uns können sich aber
sogar besser konzentrieren und zuhören, wenn sie sich Notizen machen! Wenn
Sie sich intensiver mit diesem Thema auseinandersetzen möchten, dann schauen
Sie doch mal nach Forschungsergebnissen dazu, was für verschiedene Arten des
Lernens es gibt. Die sogenannten „Lerntypen" gibt es zwar in dieser scharfen
Abgrenzung nicht, aber Sie bekommen vielleicht Inspiration dazu, was Sie noch
ausprobieren können oder verstehen Phänomene, die Sie an sich beobachten, bes-
ser. Es gibt zum Beispiel Studien, die zeigen, dass Mathe-Studis, die sich selbst

Beispiele zu einer Definition ausdenken, erfolgreicher sind als diejenigen, die die Definitionen nur auswendig lernen.

▶   **Unsere Tipps**

1. Selbst wenn das, was Sie lesen oder hören, extrem ausführlich erklärt ist und keine Fragen offenbleiben, können Sie noch mehr lernen, wenn Sie sich zwischendurch mal fragen: Geht das auch anders? Wäre ich auf diese Idee gekommen? Welches Argument hätte ich zuerst ausprobiert? Wo hätte ich bei diesem Beispiel angefangen?

2. Wenn Sie beim Lesen ab und zu mal pausieren und sich selbst überlegen, wie es weitergeht, dann erleben Sie vielleicht den „fruchtbarer-Boden-Effekt". Bei Definitionen etwa empfehlen wir, sich zunächst eigene Beispiele für den neuen Begriff zu überlegen, bevor Sie sich die gegebenen Beispiele anschauen. Denken Sie über ein Beispiel selbst nach, bevor Sie weiterlesen, wie es behandelt wird. Überlegen Sie bei kleinen Resultaten selbst, wie man sie beweisen könnte. Machen Sie sich Notizen, denken Sie ein bisschen drüber nach, und lesen Sie dann weiter. Durch das Nachdenken aktivieren Sie das bereits vorhandene Wissen, und was Sie danach lesen, fällt auf fruchtbareren Boden und kann viel besser verknüpft werden.

Zum Reinhören

- der Begriff „Skript"
- Aussehen und Aufbau eines Skripts
- richtig Lesen lernen
- verschiedene Notationen

sn.pub/J7kS7t

Wie erstelle ich mein eigenes Vorlesungsskript?

5

Das eigene Vorlesungsskript zu schreiben ist eine sehr persönliche Angelegenheit. Es geht nicht um Schönheit oder darum, auf möglichst viel oder möglichst wenig Platz oder besonders bunt die Vorlesungsnotizen zu organisieren. Ein gutes Skript hilft dabei, sich im Stoff zu orientieren und alles, was wichtig ist, schnell wiederzufinden.

Der Weg dahin ist individuell und kann sich auch von Vorlesung zu Vorlesung stark unterscheiden. Wir haben während unseres eigenen Studiums in Vorlesungen meistens alles mit der Hand mitgeschrieben. Der Stoff wurde an der Tafel entwickelt, mal schneller, mal langsamer. Ein Skript gab es nur selten und selbst wenn, dann war es manchmal eher ein Entwurf und der war noch voller (Tipp-) Fehler. Inzwischen gibt es immer mehr Vorlesungen mit ausformulierten Skripten oder sogar genau passenden Büchern, oder die Vorlesung wird mit Präsentationen gehalten, die als pdf- oder PowerPoint-Datei zur Verfügung gestellt werden. Daneben gibt es weiterhin die klassische Tafelvorlesung. Wenig überraschend gibt es sowohl bei den Studis als auch bei den Dozent*innen sehr unterschiedliche Vorlieben! Die Extreme werden vielleicht markiert von Menschen, bei denen alles, möglichst mehrmals, durch die Hände fließen muss, und denen, die ungern schreiben, die sich davon gestresst fühlen und es daher vermeiden, so gut es geht. Es spricht auch nichts dagegen, mit Notizen zu arbeiten, die Sie selbst nicht geschrieben haben – zumal es Menschen gibt, die wegen einer Einschränkung nicht oder nicht gut schreiben können und die dann Alternativen brauchen.

Bleiben wir kurz dabei, was in der Vorlesung passiert und wie aus dem, was wir dort sehen und hören, unser eigenes Skript wird. Unabhängig davon, was wir an Material zur Verfügung gestellt bekommen, geht es auch darum, mit welchen Erwartungen und welchem Gefühl wir in der Vorlesung sitzen. Das kann sehr

M. Jakob und R. Waldecker, *Was ich gern vor dem Mathe-Studium gewusst hätte*, essentials, https://doi.org/10.1007/978-3-662-69203-5_5

unterschiedlich sein, je nach Tageszeit, Thema, Dozent*in und eigener Verfassung. Wir unterschätzen, was es ausmacht, dass wir dort in einem Raum sitzen, mit vielen oder wenigen anderen Menschen, mehr oder weniger bequem, und dass wir uns dort 90 Minuten lang konzentrieren müssen. Es geht nicht nur um den Vorlesungsstoff, sondern auch um viele andere Eindrücke sowohl von der Person, die die Vorlesung hält (Stimme, Körpersprache etc.) als auch von anderen Studis. Wie Sie in der Vorlesung sitzen, wie Sie sich dort fühlen, was Sie die ganze Zeit denken und inwiefern Sie überhaupt mitdenken und sich aktiv verhalten können, ist zutiefst persönlich und kann sich im Lauf eines Tages verändern, im Lauf des Studiums, von Fach zu Fach und von Dozent*in zu Dozent*in. Daher ermutigen wir die Studis, auszuprobieren und zu experimentieren – hier kommen ein paar Beispiele!

Beispiel 1: Es gibt ein ausführliches Skript zur Vorlesung, das Sie ausgedruckt in Papierform oder auf einem Tablet oder Laptop vor sich haben, und dazu gibt es extra Erklärungen. Sie hören nur zu oder schreiben zusätzlich ein paar Notizen an den Rand, Sie haben Zeit zum Mitdenken und Fragenstellen, und wenn später beim Lösen der Übungsaufgaben weitere Fragen aufkommen, können Sie diese stellen und ergänzen ggf. Ihr Skript.

Beispiel 2: Es gibt kein Skript oder nur ein sehr rudimentäres, Sie müssen also viel selbst schreiben. Zumindest ein Teil der Vorlesung passiert mit Tafelarbeit, und Sie schreiben das alles mit. Je nachdem, wie die Kapazitäten sind, hören Sie zu und interagieren sogar oder aber Sie konzentrieren sich nur darauf, mitzuschreiben. Vielleicht schaffen Sie es auch, sich anhand der Erklärungen zusätzliche Notizen zu machen.

Beispiel 3: Sie schreiben nicht oder nur ganz wenig mit, sondern Sie machen Fotos von der Tafel oder Kopien von der Mitschrift einer anderen Person. Stattdessen hören Sie während der Vorlesung möglichst gut zu. Dann müssen Sie hinterher ggf. selbst Notizen anfertigen mit dem Material, was da ist.

Je mehr Zusatzangebote es zur Vorlesung gibt, wie etwa vorbereitete Notizen, Audio- oder Videoaufnahmen der Vorlesung oder Präsentationen, und je flexibler die Dozent*innen mit den Vorlieben der Studis umgehen, desto eher können sich individuelle Wege hin zum eigenen Vorlesungsskript ausgestalten. Wir empfehlen auf jeden Fall mehrere Arbeitsschritte, etwa während der Bearbeitung der Übungsaufgaben, damit die eigenen Notizen wachsen und dichter werden, damit Sie Verbindungen zwischen den Themen entdecken und damit Sie die Fähigkeit erwerben, wichtige und weniger wichtige Inhalte zu unterscheiden. Viele Studis merken erst in der ersten Prüfungsphase, welche Defizite ihre Mitschriften haben bzw. was schon gut funktioniert.

▶ **Unsere Tipps** Mut zum Experiment! Probieren Sie in den Vorlesungen im ersten Studienjahr aus, was gut läuft und was nicht, nutzen Sie Zusatzangebote und tauschen Sie sich mit anderen Studis aus. Die intensive Beschäftigung mit den eigenen Vorlesungsnotizen ist die beste Prüfungsvorbereitung.

Zum Reinhören

- Alternativen zum Abschreiben mit der Hand
- mehr als nur Abschreiben
- Beispiele aus der Praxis
- Was ist denn nun ein Lemma?

sn.pub/Uy8CBV

Warum nehmen wir alles so genau?

Zu Beginn des Mathe-Studiums kommt es Ihnen vielleicht so vor, als würden Sie eine neue Sprache lernen: Viele neue Begriffe, deren Bedeutung Sie verstehen müssen, und dazu so etwas wie „Grammatik" für logische Schlussfolgerungen oder dafür, wie gewisse mathematische Objekte sprachlich oder symbolisch greifbar gemacht werden. Wenn wir nur ein paar Grundbegriffe kennen, können wir uns vielleicht damit (und mit Händen und Füßen) verständlich machen, aber für einen kompetenten und souveränen Umgang mit der Fachsprache müssen wir viel üben. Das liegt daran, dass es im Studium meistens nicht mehr ausreicht, nur eine Rechnung aufzuschreiben. Sie müssen argumentieren, ganze Sätze bilden oder, falls Sie nicht so gerne Sätze mit vielen Wörtern schreiben, mit logischen Symbolen arbeiten können.

Zugegeben: In manchen Grundlagenvorlesungen wird besonders pingelig auf alles geachtet. Da werden in den Übungen schnell Punkte für vermeintliche oder tatsächliche Kleinigkeiten abgezogen und das kann für viel Frust sorgen. Dabei kann schnell das Gefühl entstehen, dass es nur eine richtige Form gibt, Mathematik zu formulieren, dass es sprachliche Formeln gibt, die Sie auf eine vorgeschriebene Weise benutzen müssen, und dass gewisse andere Formulierungen verboten sind. Wir werden dann oft gefragt „Darf ich das so schreiben?" oder „Wie wollen Sie das denn haben?".

Worum geht es hier wirklich? Wann kommt es auf Genauigkeit an und warum? Was bedeutet es, wenn in verschiedenen Lehrveranstaltungen unterschiedlich streng beurteilt wird, wie genau man formuliert und wie ausführlich die Argumente sind? Und ist es fair, wenn mir bei der Lösung der Übungsaufgaben Punkte abgezogen werden, wenn ich etwas so aufschreibe, wie es in der Vorlesung an der Tafel stand?

M. Jakob und R. Waldecker, *Was ich gern vor dem Mathe-Studium gewusst hätte*, essentials, https://doi.org/10.1007/978-3-662-69203-5_6

Wir vertreten die Auffassung, dass Sie irgendwann während des Studiums, am besten gleich zu Beginn, lernen sollten, die mathematische Fachsprache mit großer Genauigkeit und Sorgfalt zu verwenden. Wenn Sie das einmal können, dann haben Sie nämlich danach die Möglichkeit, sich an die Umgebung anzupassen und zu variieren, indem Sie etwas umgangssprachlich formulieren oder mehr mit Beispielen oder mit der Anschauung arbeiten. In vielen Berufsbildern ist der flexible Umgang mit einer Fachsprache eine extrem wichtige Fähigkeit. Dafür müssen Sie aber die Grundlagen sorgfältig lernen, und Sie müssen immer in der Lage sein, auf Nachfrage zu einem hohen Niveau an Genauigkeit zurückzukehren. Genau so machen wir Dozent*innen es ja auch, in der universitären Lehre, ständig! Jemand fragt etwas, wir antworten, dann kommen Rückfragen oder der Wunsch nach einem Beispiel und so wechseln wir ständig zwischen verschiedenen Versionen der Fachsprache und verschiedenen Niveaus an Genauigkeit, angepasst daran, was die fragende Person braucht. Wir können das, weil wir einmal richtig gründlich geübt haben, wie es ganz genau geht. Wir haben uns nicht bei einem mittelmäßigen „Es reicht doch, wenn die Leute wissen, was gemeint ist." ausgeruht.

Von unseren Studis erwarten wir das auch. Gerade weil wir nicht wissen, wohin es später beruflich geht, müssen wir ganz viel Wert auf Genauigkeit und den korrekten Umgang mit der Fachsprache legen, denn nur dann erreichen Sie die Flexibilität, die Sie nach dem Studium wahrscheinlich brauchen. Beim Erklären in einer Gruppe können Sie sich oft retten, wenn Sie auf Rückfragen antworten können, aber spätestens dann, wenn Sie auf 15 Seiten ein Stück Mathematik auf angemessenem fachsprachlichem Niveau erklären sollen, müssen Sie fit sein. Was Sie geschrieben haben, muss beim ersten Lesen sofort sinnvoll sein, Sie müssen mit den Konventionen der Teildisziplin vertraut sein und die typische Notation kennen und gleichzeitig damit klarkommen, wenn in verschiedenen Quellen leicht unterschiedliche Notationen verwendet werden.

Bereits im Studium sehen wir, dass es Abweichungen gibt in den verschiedenen Lehrveranstaltungen. Manche argumentieren sehr knapp, in wenigen Worten, formulieren nicht aus, verwenden viele Abkürzungen oder Symbole. Andere schreiben in ganzen Sätzen und fügen viele Details ein. Hier geht es um Stil und Ausführlichkeit und normalerweise nicht um Genauigkeit und Korrektheit. Eine gute Leitfrage ist: Wenn ich das so aufschreibe und eine andere Person das liest, kann die das dann beim Lesen direkt verstehen? Wo muss die andere Person raten? Wo denke ich, dass Dinge aus dem Kontext klar sind, obwohl sie es vielleicht gar nicht sind? Wo verwende ich Symbole, ohne sie zu erklären? Ist an meinen Formulierungen erkennbar, wo ein Argument anfängt und wo es aufhört?

▶   **Unsere Tipps** Eine wunderbare Übung für den Anfang ist, sich zu
zweit oder zu dritt zusammenzutun und wechselseitig die Lösungen zu den Übungsaufgaben zu lesen. Wenn das Geschriebene
ohne Rückfragen verständlich ist, dann ist das eine gute Grundlage.
Und falls Sie wirklich mal Punktabzug bekommen für eine Schreib-
weise, die genau so in der Vorlesung vorgekommen ist, dann fragen
Sie unbedingt nach! Die Fairness gebietet eigentlich, dass wir als
Dozent*innen nur dann schlampig und ungenau sind, wenn wir Ihnen
das auch erlauben. Falls wir also streng sind bei der Bewertung Ihrer
Aufgaben, dann müssen wir in der Vorlesung auch mit gutem Beispiel
vorangehen und selbst sehr genau mit der Fachsprache umgehen.

Zum Reinhören

- zum Begriff „Genauigkeit"
- vermeintliche und tatsächliche Kleinigkeiten
- unterschiedlich strenge Korrekturen

sn.pub/tvo4kI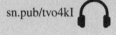

Welche Prüfungsformate gibt es?

Bei uns in Halle und an vielen anderen deutschen Hochschulen ist das Studium aus Modulen aufgebaut. Um ein Modul endgültig abzuschließen und zu bestehen, müssen Sie eine Modulprüfung ablegen. Meistens findet diese am Ende der Vorlesungszeit oder zu Beginn der vorlesungsfreien Zeit statt. Wiederholungstermine liegen oft am Ende der vorlesungsfreien Zeit. Wie genau diese Modulprüfung aussieht, hängt vom jeweiligen Modul und von der jeweiligen Universität ab, daher gehen wir hier nur auf die gängigsten Prüfungsformate ein.

Die Klausur.
Viele Module in einem Mathe-Studium werden mit einer schriftlichen Klausur abgeschlossen. Die Dauer ist von Modul zu Modul unterschiedlich, liegt aber häufig zwischen 90 und 150 Minuten. Zeit und Ort werden vorher bekannt gegeben und meistens müssen Sie sich offiziell für die Klausur anmelden. Oft wird die Klausur in einem großen Hörsaal geschrieben und Sie werden so platziert, dass zwischen Ihnen und Ihren Mitstudis ausreichend Platz ist. Im Idealfall ist jede zweite Reihe frei, sodass die Dozent*innen bei Fragen direkt zu Ihnen an den Platz kommen können. Die zugelassenen Hilfsmittel bei uns in Halle sind meistens recht überschaubar: Bis auf ein handbeschriebenes A4-Blatt darf nichts weiter verwendet werden. Kein Taschenrechner, kein Tafelwerk. Das mag Ihnen jetzt vielleicht seltsam vorkommen, aber Sie werden schnell merken, dass Sie im Mathe-Studium oft keinen Taschenrechner und kein Tafelwerk brauchen. Wie gesagt: Es geht mehr ums Argumentieren als ums Rechnen. Was hat es aber mit dem handbeschriebenen A4-Blatt auf sich? Dies ist Ihr ganz persönlicher offizieller Spickzettel. Viele Dozent*innen erlauben einen solchen Spickzettel als

M. Jakob und R. Waldecker, *Was ich gern vor dem Mathe-Studium gewusst hätte*, essentials, https://doi.org/10.1007/978-3-662-69203-5_7

Hilfsmittel in der Klausur. Hier können Sie Inhalte aus der Vorlesung draufschreiben, eigene Übersichten und Zusammenfassungen, Beispielrechnungen oder Zeichnungen. Ihrer Kreativität sind keine Grenzen gesetzt! Sie werden staunen, was alles auf ein A4-Blatt passt, wenn man klein genug schreibt und sich vorher Gedanken macht, was genau man braucht. Selbst dann, wenn Sie gar nicht so oft nachgucken müssen, ist es ein beruhigendes Gefühl, wenn der Spickzettel neben Ihnen liegt. In der Klausur bearbeiten Sie nun Aufgaben, die den Aufgaben aus den Übungsserien ähnlich sind. Häufig sind die Klausuraufgaben aber leichter, denn anders als bei den Übungsserien haben Sie in der Klausur nicht eine Woche Zeit für die Bearbeitung. Geschrieben wird meist mit Stift auf Papier. Es gibt mittlerweile aber auch elektronische Klausuren, bei denen Sie vor einem Computer sitzen und die Aufgaben bearbeiten. Dies kann in einem extra dafür vorgesehenen Prüfungszentrum passieren oder sogar bei Ihnen zuhause. Manchmal gibt es auch sogenannte Open-Book-Klausuren, bei denen Hilfsmittel wie Bücher oder Vorlesungsskripte zugelassen sind, oder Take-Home-Klausuren, die man an einem beliebigen Ort unter Zuhilfenahme beliebiger Hilfsmittel innerhalb einer vorgesehenen Zeit schreibt.

Die mündliche Prüfung.
Ebenfalls sehr häufig kommen mündliche Prüfungen als Abschlussprüfungen für ein Modul vor. Auch hierfür müssen Sie sich meistens offiziell anmelden und Sie bekommen einen Termin zugeteilt oder können sich einen von mehreren Terminen aussuchen. Eine mündliche Prüfung dauert je nach Modul zwischen 20 und 45 Minuten und Sie absolvieren diese in der Regel alleine. Normalerweise sind neben Ihnen zwei weitere Personen anwesend: Eine, die prüft, und eine, die den sogenannten Prüfungsbeisitz macht und hauptsächlich für das Schreiben des Prüfungsprotokolls zuständig ist. Anders als Sie es vielleicht von Ihren mündlichen Prüfungen im Abitur kennen, erhalten Sie meistens keine Aufgaben zur Vorbereitung, sondern es geht einfach los. Einige Dozent*innen bieten aber ein Einstiegsthema an. Das bedeutet, dass Sie auswählen können, zu welchem Thema die ersten Fragen kommen, oder manchmal dürfen Sie auch ca. fünf Minuten über einen selbst gewählten Abschnitt der Vorlesung sprechen, um „warm zu werden" und ins Prüfungsgespräch hineinzufinden. Sie sitzen an einem Tisch mit Papier und Stift vor Ihnen oder Sie stehen vielleicht an einer Tafel oder einem Whiteboard. Prüfer*in und Beisitzer*in sitzen schräg neben Ihnen oder gegenüber. Über Mathematik zu sprechen, ohne dabei etwas aufzuschreiben, ist fast unmöglich, und daher schreiben Sie, während Sie die Fragen beantworten, an die Tafel oder auf das Papier vor Ihnen. Mal geht es um konkrete Aufgaben, mal werden Definitionen oder Resultate aus der Vorlesung abgefragt, mal geht es um

Zusammenhänge und das Verständnis der grundlegenden Konzepte. Das ist je nach Modul und je nach prüfender Person recht unterschiedlich, und Sie werden im Lauf des Studiums lernen, sich darauf einzustellen. Nach unserer Erfahrung gibt es Studis, die mündliche Prüfungen mehr mögen als Klausuren, und Studis, bei denen es genau umgekehrt ist.

► **Unsere Tipps**

1. Es ist vollkommen okay, in einer mündlichen Prüfung „Keine Ahnung!" zu sagen. Wenn Sie die Antwort auf eine Frage nicht kennen oder Sie in einem bestimmten Thema nicht fit sind, dann sagen Sie das einfach. Die Prüfer*innen können dann auf ein anderes Thema ausweichen oder die Frage umformulieren. Dies ist zum Beispiel ein Vorteil gegenüber einer Klausur!

2. Holen Sie sich vor der Prüfung alle Informationen über den Ablauf der Prüfung ein: Gibt es ein Einstiegsthema oder nicht? Werde ich an der Tafel stehen, auf Papier schreiben oder kann ich mir das aussuchen? Je weniger Überraschungen Sie in der Prüfung erleben, umso besser. Überlegen Sie sich auch schon vorher, ob Sie ein Einstiegsthema haben möchten oder nicht und wie Sie das dann formulieren. Vielleicht können Sie auch Kommiliton*innen ausfragen, die vor Ihnen dran waren, um ein besseres Gefühl dafür zu bekommen, wie die Prüfung abläuft.

Die Hausarbeit.

Manche Module werden durch das Schreiben einer Hausarbeit abgeschlossen. Das Hauptbeispiel dafür im Bachelor- oder Master-Studium ist die schriftliche Ausarbeitung für einen Seminarvortrag. Falls Sie auf Lehramt studieren, so begegnen Ihnen Hausarbeiten häufiger, nämlich in den Fachdidaktik-Veranstaltungen, in Psychologie oder Pädagogik oder in Ihrem zweiten Unterrichtsfach, falls das aus den Geisteswissenschaften kommt. Bei einer Hausarbeit handelt es sich um eine zusammenhängende schriftliche wissenschaftliche Arbeit, die meistens zwischen 10 und 30 Seiten umfasst. Für die Anfertigung haben Sie mehrere Wochen oder sogar Monate Zeit, je nachdem, wie früh Sie damit anfangen. Viele Studis gehen zum Schreiben ihrer Hausarbeit gerne in die Bibliothek, weil es da schön ruhig ist und sie sich gut konzentrieren können, und falls Bücher zum Nachschlagen gebraucht werden, müssen die nicht alle nach Hause geschleppt werden. Manche Hochschulen bieten Workshops zum Verfassen von

Hausarbeiten an oder Hilfestellung für die, die das Schreiben vor sich herschieben. In Halle haben wir zum Beispiel die „lange Nacht der aufgeschobenen Hausarbeiten".

Die bisher besprochenen Prüfungsformate haben gemeinsam, dass Sie sich bei uns in Halle nicht anmelden und an der Prüfung teilnehmen müssen, wenn Sie schon zu viele andere Prüfungen im gleichen Zeitraum haben oder sich im Stoff noch zu unsicher fühlen. Solche Prüfungsregularien können aber von Fach zu Fach und auch von Hochschule zu Hochschule etwas unterschiedlich gestaltet sein. Irgendwann müssen Sie sich anmelden und die Prüfung machen, denn das ist notwendig zum erfolgreichen Abschließen der Module und damit zum Abschluss des Studiums. Meistens gibt es einen Ersttermin und einen Wiederholungstermin, und Sie müssen nicht am ersten Termin teilnehmen, sondern es kann gute Gründe geben, den Wiederholungstermin zu wählen: Manchmal fallen viele Prüfungen in denselben Zeitraum oder es werden zwei Klausuren, zum Beispiel aus Ihren beiden Lehramt-Fächern, auf den gleichen Tag gelegt und diese sind nicht mehr verschiebbar. Auch persönliche Gründe oder eine Erkrankung können dazu führen, dass Studis beim ersten Prüfungstermin nicht dabei sind, sondern erst bei einem späteren. Je nach Studiengang ist es auch etwas unterschiedlich, wie die Prüfungen bewertet werden. Meistens gibt es Noten, wobei Sie ab der Note 4,0 bestanden haben und das Spektrum bis zur Note 1,0 (sehr gut) reicht. Mit Nachkommastellen kann differenziert werden. Die Note 1,3 zählt dann beispielsweise immer noch als „sehr gut", und eine 2,7 ist im guten Bereich von „befriedigend". Manchmal geht es auch nur darum, ob Sie bestanden haben oder durchgefallen sind, oder es gibt zwar eine Note, aber die ist nicht für Ihre Abschlussnote relevant. Falls Sie mal eine Prüfung nicht bestehen, ist das kein Weltuntergang – schließlich müssen Sie sich erst darauf einstellen, wie Prüfungen im Studium funktionieren und wie Sie mit dem im Vergleich zur Schule großen Stoffumfang zurechtkommen. Also: Keine Panik, sondern um Hilfestellung bitten, damit Sie möglichst gut verstehen, wo die Probleme liegen und was Sie beim nächsten Versuch besser machen können. Bei uns in Halle haben Sie für eine Modulprüfung drei Versuche. Falls Sie beim dritten Versuch durchfallen, kann das weitreichende Konsequenzen haben bis hin zum Ende des Studiums (ohne Abschluss). Daher haben wir in Halle zahlreiche Unterstützungsangebote für Studis, die vor diesem sogenannten „Drittversuch" stehen. Neben den Abschlussprüfungen gibt es auch kleinere Klausuren oder Zwischentests, für die es keine Maximalzahl an Versuchen gibt. Falls Sie da unsicher sind, dann fragen Sie nach!

▶ **Unsere Tipps**

1. Informieren Sie sich rechtzeitig, wie geprüft wird und verschaffen Sie sich einen Überblick, wie viele Prüfungen in jedem Semester auf Sie zukommen. Dann können Sie rechtzeitig nach Terminen fragen, ggf. Überschneidungen vermeiden und rechtzeitig mit der Vorbereitung anfangen.

2. Wenn Sie tatsächlich mal durch eine Klausur oder mündliche Prüfung durchfallen, dann gehen Sie zur Klausureinsicht und fragen Sie nach, um herauszufinden, was Sie beim nächsten Mal besser machen können. Vor mündlichen Prüfungen können Sie mit Ihren Mitstudis das Sprechen über Mathematik trainieren und sich gegenseitig Prüfungsfragen stellen, um zu üben.

3. Bei Prüfungsangst empfehlen wir, sich rechtzeitig an Beratungsstellen zu wenden und das Gespräch mit den prüfenden Personen zu suchen, damit die sich auf Ihre Situation einstellen und vielleicht Hilfsangebote vorschlagen können.

Zum Reinhören

• später zur Prüfung antreten
• Benotet oder unbenotet?
• Drittversuch und Unterstützungsangebote
• Verhalten im Krankheitsfall
• Austausch mit Mitstudis

sn.pub/tQCMkc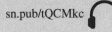

Wie sieht mein Alltag im Studium aus?   8

Der Studienalltag unterscheidet sich ziemlich, je nachdem, ob Sie sich in der Vorlesungszeit oder in der vorlesungsfreien Zeit befinden. Schauen wir uns einen mehr oder weniger typischen Tag im Leben eines oder einer Mathematik-Studi während der Vorlesungszeit an!

An vielen Universitäten fangen die frühsten Veranstaltungen um 8:15 Uhr an. Die meisten Veranstaltungen beginnen um Viertel nach und enden um Viertel vor („akademisches Viertel"). Wenn Sie gerne lange schlafen und sich Mühe beim Basteln Ihres Stundenplanes geben, beginnt ihre erste Veranstaltung vielleicht erst um 10:15 Uhr. Jeden Tag werden Sie das aber wahrscheinlich nicht schaffen. Sagen wir, Sie sitzen nun also um 8:15 Uhr in einer Übung zum Modul „Analysis". Gemeinsam mit 20 bis 30 Mitstudis sind Sie in einem Seminarraum, meistens ausgestattet mit Tafel und Beamer. Vorn steht die Person, die die Übung leitet. In dieser Übung ist das eine Doktorandin. Heute gibt es zu Beginn ein paar organisatorische Informationen zur anstehenden Klausur und den Hinweis, dass eine Probe-Klausur hochgeladen wurde. Anschließend wird die Übungsserie der letzten Woche besprochen. Zwei Aufgaben werden von Mitstudis vorgestellt, und über die anderen zwei Aufgaben wird nur kurz gesprochen, da diese bei den meisten gut ausgefallen sind. Dann präsentiert die Übungsleiterin eine neue Aufgabe, über die Sie zunächst mit Ihren Sitznachbar*innen diskutieren sollen. Anschließend wird an der Tafel gemeinsam eine Lösung entwickelt. Am Ende ist noch Zeit für eine weitere kurze Aufgabe, die zügig besprochen wird. Sie haben sich zwischendurch mit Wortbeiträgen beteiligt, aber meistens nur zugehört. Vielleicht sind Sie heute aber auch sehr müde und mit Ihren Gedanken ganz woanders. Dann fragen Sie sich vielleicht, warum Sie nicht einfach zuhause im Bett geblieben sind. Einige Ihrer Mitstudis haben vielleicht einen Thermobecher

M. Jakob und R. Waldecker, *Was ich gern vor dem Mathe-Studium gewusst hätte*,
essentials, https://doi.org/10.1007/978-3-662-69203-5_8

mit Kaffee oder Tee dabei, oder sie essen eine Kleinigkeit nebenbei, wenn dies
in der Übung gestattet ist. Um 9:45 Uhr endet die Übung. Vielleicht stellen Sie
im Anschluss noch ein paar Fragen zur Korrektur Ihrer letzten Übungsserie, und
dann verlassen Sie mit Ihren Mitstudis den Raum.

Von 10:15 bis 11:45 Uhr haben Sie keine Veranstaltung, und vielleicht suchen
Sie sich in einer kleinen Gruppe einen gemütlichen Platz, um über die neue
Übungsserie zu diskutieren, oder Sie arbeiten irgendwo allein, zum Beispiel in
der Bibliothek. Gegen 11:30 Uhr gehen Sie in die Mensa, wo Sie mit ihrem
Studierendenausweis günstiges Essen bekommen.

Um 12:15 Uhr beginnt ihre nächste Veranstaltung: die Vorlesung zur Analysis. Dazu gehen Sie in einen Hörsaal, wo Sie gemeinsam mit, je nach Universität,
schätzungsweise 50 bis 300 Leuten sitzen. In vielen Hörsälen sind die Sitzreihen
nach hinten ansteigend angeordnet, sodass alle eine gute Sicht haben. Hier fühlt
es sich etwas anonymer an als in der Übung am Morgen. Nach einiger Zeit kennen Sie aber viele Gesichter um Sie herum und vielleicht sitzen Sie mit Leuten
aus ihrer Lerngruppe zusammen. Dabei ergibt sich vielleicht auch das ein oder
andere außermathematische Gespräch, aber hoffentlich nicht so laut, dass Sie von
der Professorin oder dem Professor ermahnt werden müssen. Wie an anderen
Stellen in diesem Büchlein beschrieben, können Sie aktiv an der Vorlesung teilnehmen oder Sie hören nur zu und denken und schreiben mit. In der Vorlesung
herrscht ein reges Kommen und Gehen, da viele Studis aufgrund von anderen
Lehrveranstaltungen an anderen Orten später kommen oder früher gehen müssen.
Die meisten Professor*innen haben hierfür Verständnis, solange das nicht mit zu
viel Lärm und Unruhe verbunden ist. Nach 90 Minuten endet die Vorlesung und
Sie müssen schnell zur Bahn, um zu Ihrer nächsten Veranstaltung zu kommen,
die 30 Minuten später, also um 14:15 Uhr beginnt. Zum Glück können Sie in
vielen Städten mit Ihrem Studierendenausweis kostenlos Bahn fahren.

Um 14:15 Uhr sitzen Sie in einer Lehrveranstaltung aus einem anderen Fach
(z. B. Anwendungsfach im Bachelor-Studium, oder bei Lehramts-Studis das
zweite Unterrichtsfach). Zum ersten Mal heute geht es nicht um Mathe! Um
15:45 Uhr sind Sie fertig und haben heute auch keine weitere Lehrveranstaltung.
An anderen Tagen haben Sie später vielleicht noch eine Übung oder ein Tutorium
bis 17:45 oder sogar 19:45 Uhr. Das wäre dann schon ein sehr langer Tag. Aber
solche Tage sind unserer Erfahrung nach eher selten, denn auch die Dozent*innen
wollen irgendwann Feierabend haben. Sie gehen noch schnell in die Bibliothek,
denn Sie wollten sich noch ein Buch ausleihen, das in einer Vorlesung empfoh-
len wurde, das man aber leider nicht online lesen kann. Danach besuchen Sie das
mathematische Lernzentrum, das vielleicht den Namen Mathe-Treffpunkt oder
Lernwerkstatt trägt. Hier haben Sie sich mit ein paar Leuten verabredet, um bei

Tee und Knabberkram weiter an den aktuellen Übungsserien zu arbeiten. Dabei stellen Sie den dort herumlaufenden Tutor*innen Ihre Fragen und klären auch gleich noch, was eigentlich dieses „Fachseminar" ist, das Sie später im Studium noch belegen müssen. Zusammen mit Ihrer Lerngruppe können Sie heute endlich die eine Aufgabe beenden, an der Sie schon zwei Tage lang herumgeknobelt haben! Um 18:30 Uhr fahren Sie nach Hause, denn Sie haben langsam Hunger und sind noch mit Ihren Mitbewohner*innen zum Kochen verabredet.

So oder ganz anders könnte ein Tag während der Vorlesungszeit in Ihrem zukünftigen Studi-Leben ablaufen. Was zu welcher Tageszeit passiert und wie viele soziale Kontakte Sie außerhalb der Lehrveranstaltungen haben, ist sehr individuell und oft von Jahr zu Jahr unterschiedlich. Damit bietet das Studium Möglichkeiten, zu experimentieren, wie ein guter Tagesablauf für Sie aussieht. Das Beispiel der Bibliothek zeigt auch, dass Sie im Studium gut mit verschiedenen Medien experimentieren können. Schreiben Sie mit der Hand mit, auf Papier? Auf einem Tablet? Tippen Sie lieber? Mögen Sie Bücher? Falls ja, haben Sie dann gern ein eigenes Exemplar, in dem Sie herumkritzeln und Druckfehler markieren können? Oder reicht etwas zum Nachschlagen? Oder finden Sie E-Books besser oder Vorlesungsnotizen im pdf-Dateiformat?

Zum Reinhören

- zu voller Stundenplan
- zu viele Menschen
- Überschneidungen im Stundenplan

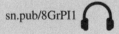

sn.pub/8GrPI1

Wie viel Arbeit habe ich im Studium? 9

Wie sich Ihr Alltag im Studium anfühlt, hängt nicht nur von Ihrer Persönlichkeit und Ihrer Lebenssituation ab, sondern auch vom Studienfach und der dazugehörigen Fachkultur. Es kann in den Fächern sehr unterschiedlich sein, welche Veranstaltungs- und Prüfungsformate etabliert sind und wie sich der Arbeitsaufwand auf die Vorlesungszeit verteilt bzw. wie viel Arbeit Sie in der vorlesungsfreien Zeit haben. Die Vorlesungszeit ist ungefähr 15 Wochen lang, der Rest des Semesters besteht aus vorlesungsfreier Zeit. In der Mathematik haben wir zum Beispiel kaum Hausarbeiten und auch nur wenige Zwischenprüfungen oder Tests. Stattdessen gibt es meistens Studienleistungen (z. B. die wöchentlichen Übungsserien), die begleitend zur Vorlesung erbracht werden, und am Ende gibt es eine Klausur oder eine mündliche Prüfung, mit denen ein Modul abgeschlossen wird. Typischerweise haben Sie also während der Vorlesungszeit Vorlesungen und dazugehörige Übungen, und pro Vorlesung jede Woche die Übungsserie, die bearbeitet werden muss. Das kann sich dann schon ganz schön summieren, sodass Sie in der Vorlesungszeit jede Woche richtig viel zu tun haben, um überall am Ball zu bleiben und genug Zeit mit den Übungsaufgaben zu verbringen. Eventuell gibt es einen oder mehrere Zwischentests, zum Beispiel als Modulvorleistung, mit ein bisschen extra Lernaufwand davor. Bei solchen Zwischentests wird aber meistens eher grundsätzliches Verständnis abgeprüft, sodass Sie die bei regelmäßiger Bearbeitung der Übungsaufgaben leicht bestehen und sich dafür kaum vorbereiten müssen. Trotzdem kann das für zusätzlichen Stress sorgen und Sie müssen vielleicht üben, sich die Energie so einzuteilen, dass Sie das Arbeitspensum bis zum Ende der Vorlesungszeit durchhalten und auch die letzten Übungsserien noch bearbeiten können. Am Ende der Vorlesungszeit oder während der vorlesungsfreien Zeit kommt dann eine Modulabschlussprüfung, also

M. Jakob und R. Waldecker, *Was ich gern vor dem Mathe-Studium gewusst hätte*, essentials, https://doi.org/10.1007/978-3-662-69203-5_9

meistens eine Klausur oder mündliche Prüfung. Bei großen Grundvorlesungen, die aus zwei oder mehr Teilen bestehen und mehrere Semester dauern, kommt die Prüfung eventuell erst ganz am Ende. Der Punkt ist hier aber, dass es nur diese eine Prüfung gibt und dass danach, in der vorlesungsfreien Zeit, wirklich Pause ist. Es gibt einzelne Ausnahmen, wo mal in der vorlesungsfreien Zeit etwas für ein Modul zu tun ist, aber das sind wirklich Ausnahmen – der Klassiker bei uns in der Mathematik ist die Vorlesung mit begleitender Übung, also auch mit begleitendem Arbeitsaufwand. In den Lehramts-Studiengängen werden in der vorlesungsfreien Zeit manchmal Schulpraktika absolviert, oder es werden Hausarbeiten zu fachdidaktischen oder pädagogischen Modulen geschrieben. Wie viel zusätzlichen Lernaufwand Sie direkt vor der Prüfung haben und wie sehr Sie die vorlesungsfreie Zeit genießen können, hängt sehr von Ihnen und Ihrer Arbeitsweise ab. Gleichzeitig kann sich das während des Studiums durchaus verändern!

Hier sind die zwei Hauptgründe, warum wir das überhaupt thematisieren:

1. Es gibt Studienfächer, in denen Sie während der Vorlesungszeit wenig Aufwand haben und dafür in der vorlesungsfreien Zeit richtig viel, weil Sie zum Beispiel Hausarbeiten schreiben. Womöglich wundern Sie sich darüber, dass es im Familien- oder Freundeskreis oder in der WG Personen gibt, deren Studienalltag völlig anders abläuft und die einen ganz anderen Rhythmus haben. Wer auf Lehramt studiert und das Fach Mathematik mit einer Geisteswissenschaft kombiniert, macht sogar selbst die Erfahrung, wie unterschiedlich die Lage je nach Fach ist. Das scheint viele Studis zu irritieren, daher haben wir dazu in den letzten Jahren viele Fragen bekommen. Häufig in der Form „Ist es eigentlich normal, dass ich viel Stress habe und sogar ab und zu am Wochenende über den Übungsaufgaben sitze?" Ja, ist es. Es wird besser, versprochen. Und die nächste Pause kommt.

2. Die kontinuierliche Arbeit lohnt sich. Je besser Sie mit dem Stress während der Vorlesungszeit zurechtkommen und je eher Sie einen Rhythmus finden, bei dem Sie überall am Ball bleiben und sich wirklich selbst mit den Aufgaben beschäftigen können, desto sicherer werden Sie sich am Ende bei der Prüfungsvorbereitung fühlen und desto weniger Aufwand haben Sie dafür. Wer zwischendurch nachlässt, hat am Ende viel mehr Stress und versucht vielleicht, dies durch schnelles Auswendiglernen auszugleichen. Im Zweifel kann es sogar besser sein, ein Modul weniger zu belegen, sich wirklich voll auf die Vorlesungen zu konzentrieren und die Prüfungen inklusive Vorbereitungszeit gut zu planen. Dann kommen Sie am Ende viel schneller und mit weniger Frust durch Ihr Studium, denn Sie sparen sich schlechte Noten oder sogar

missglückte Prüfungen, bei denen Sie noch einmal antreten müssen und Sie sich damit ein paar Wochen voller Stress und schlechter Laune einhandeln.

Und es gibt noch mehr zu beachten: Ihr finanzieller Hintergrund und ihre persönliche Situation beeinflussen, wie viel Zeit Sie wirklich zum Studieren haben. Die Betreuung von Kindern oder von pflegebedürftigen Angehörigen spielt eine Rolle, aber zum Beispiel auch, ob Sie Nebenjobs haben oder sich ehrenamtlich engagieren.

▶ **Unsere Tipps**

1. Sollte es in der Vorlesungszeit doch zu viel werden, können Sie jederzeit mit einem Modul aufhören. Im Studium sind Sie selbst für Ihren Lernerfolg und für Ihre Fortschritte verantwortlich und dafür, eine geeignete Arbeitsweise zu finden und sich nicht zu überlasten. Niemand schreibt Ihnen vor, wie viele Module Sie in einem Semester absolvieren müssen. Außerdem sind die Module unterschiedlich aufwendig, und vielleicht liegt Ihnen einfach eins mehr als das andere, was Sie vorher aber nicht wissen konnten. Konzentrieren Sie sich auf weniger Module, die Sie dafür ordentlich abschließen, statt sich wie oben beschrieben mit einem zu vollen Stundenplan zu stressen.

2. Vergleichen Sie sich nicht zu sehr mit anderen Studis! Wir alle haben verschiedene Rhythmen, Arbeitsgeschwindigkeiten und Arbeitsweisen. Ein Austausch darüber ist oft hilfreich, aber es muss nicht bei allen Studis gleich laufen. Wichtig ist, dass Sie am Ende Ihre Prüfungen bestehen. Wie Sie das machen, ist Ihnen überlassen. Oft werden Sie dabei feststellen, dass diejenigen, denen es im Semester scheinbar so leicht fiel, in den Prüfungen doch nicht so glänzen – oder umgekehrt.

3. Falls es besondere Umstände gibt (z. B. Krankheit, Zeitaufwand für Betreuung oder Pflege), dann wenden Sie sich am besten so früh wie möglich an eine Beratungsstelle an der Uni oder an eine Lehrperson Ihres Vertrauens. Und falls die Finanzen ein Thema sind, dann lohnt sich ein Blick auf (echte oder virtuelle) schwarze Bretter für Jobs und Stipendien. Oder fragen Sie uns!

Zum Reinhören

- Arbeitsaufwand und Persönlichkeit
- Fachkultur
- Studienleistungen
- Lernaufwand für Zwischentests
- Wie erholsam ist die vorlesungsfreie Zeit?
- Module verschieben
- Arbeiten neben dem Studium

sn.pub/TDkrM8

Wie finde ich die passende Arbeitsweise für mich?

Arbeiten Sie lieber allein oder in einer Gruppe? Wovon hängt das ab?

Was für Vorstellungen haben Sie von der Arbeit im Studium? Alle für sich allein? Ellenbogen raus? Oder geht es eher um Kooperation?

In unseren vielen Jahren an der Uni haben wir schon einiges gesehen: Manche Studis machen alles allein, bis hin zur Prüfungsvorbereitung. Sie arbeiten nur in einer Gruppe, wenn sie es müssen. Andere bevorzugen die Gruppenarbeit deutlich und arbeiten nur dann allein, wenn sie es unbedingt müssen. Dies sind Extreme, aber sie sind in Ordnung, genau wie alle Varianten dazwischen. Es führen viele Wege zu einer gut abgeschlossenen Prüfung und am Ende zu einem erfolgreich abgeschlossenen Mathe-Studium. Wichtig ist nur, dass es für Sie funktioniert und dass Sie nicht die typischen Fehler machen, die wir oft in der Anfangsphase sehen. Hier sind ein paar Beispiele:

Sie arbeiten gern allein, haben ab und zu Fragen und warten dann zu lange, bevor Sie um Hilfe bitten. Selbstständiges Arbeiten ist prima, und eine gewisse Frustrationstoleranz auch. Wir haben großen Respekt vor Studis, die sich möglichst weitgehend allein durch den Stoff wühlen. Aber manchmal sind es Kleinigkeiten, etwa Tippfehler oder Missverständnisse, die Sie ewig aufhalten, weil Sie nicht mal eben nachfragen. Das muss nicht sein. Es kann auch passieren, dass Sie Fehler machen und das nicht bemerken, oder dass Sie Verständnisprobleme haben, denen Sie allein nicht auf die Spur kommen. Wie kommen Sie dann weiter?

Oder Sie schließen sich sofort einer Gruppe an und machen alles gemeinsam. Im besten Fall ergänzen Sie sich, lernen voneinander, ermutigen und kritisieren sich gegenseitig und werden gemeinsam besser. Die Frage ist, was in den Momenten passiert, wenn Sie allein sind. An der Tafel in der Übung, wenn Sie Ihre

© Der/die Autor(en), exklusiv lizenziert an Springer-Verlag GmbH, DE, ein Teil von Springer Nature 2024
M. Jakob und R. Waldecker, *Was ich gern vor dem Mathe-Studium gewusst hätte*, essentials, https://doi.org/10.1007/978-3-662-69203-5_10

Lösung (naja, vielleicht doch eher die Gruppenlösung) vorstellen und auf Rückfragen antworten sollen. In der Klausur, wenn Sie die Aufgaben allein bearbeiten müssen. In der mündlichen Prüfung, wenn Sie, und Sie allein, die Fragen gestellt bekommen. Je nach Gruppe, und je nach Dynamik dort, kann es passieren, dass die einzelnen Beiträge verschwimmen und alle glauben, etwas beigetragen zu haben, obwohl in Wirklichkeit ein, zwei Leute die meiste Arbeit gemacht haben. Wenn die Leistungsniveaus sehr unterschiedlich sind, haben manche Hemmungen, Rückfragen zu stellen oder zuzugeben, dass es ihnen zu schnell geht. Gute Lösungsansätze fallen manchmal unter den Tisch, weil meistens die schnellsten und lautesten Studis reden, und nicht immer die mit den originellsten Ideen. Als schwächstes Mitglied einer Gruppe merken Sie vielleicht zu spät, dass Sie mitgezogen wurden und ganz viele Dinge gar nicht allein können. Das muss nicht passieren – es gibt ganz wunderbar eingespielte Gruppen, in denen am Ende alle Studis tolle Prüfungen machen. Es kann aber leider auch schiefgehen.

Einzelarbeit hat den Vorteil, dass Sie sich nicht verstecken können. Sie können die Definition oder Sie können sie nicht, Sie haben eine Idee oder nicht. Gruppenarbeit hat den Vorteil, dass Sie die ganze Zeit Rückmeldungen bekommen und verschiedene Lösungsideen diskutieren können. Sie können die ganze Zeit üben, über Mathematik zu reden und Ihre Gedanken zu erklären. Außerdem fühlen Sie sich nicht allein und merken, dass die anderen auch Schwierigkeiten und Verständnisprobleme haben.

Für viele Studis ist daher eine Kombination aus beiden Arbeitsmethoden sinnvoll, und je nach Situation und Persönlichkeit überwiegt dann mal das eine, mal das andere. Das kann sich im Lauf des Studiums verändern und auch von Vorlesung zu Vorlesung.

▶ **Unsere Tipps** Mut zum Experiment! Probieren Sie verschiedene Arbeitsweisen aus und reflektieren Sie die Vor- und Nachteile. Falls Sie unerwartet viel Stress haben, die Zeitplanung für die Prüfungsvorbereitung nicht funktioniert oder Sie aus anderen Gründen Zweifel an Ihrer Arbeitsweise haben, dann sprechen Sie einfach darüber – mit Mitstudis oder auch mit Übungsleiter*innen, Tutor*innen oder Ihren Dozent*innen, oder mit uns.

Zum Reinhören

- Gruppenarbeit im Studium
- eine Lerngruppe finden
- die Autorinnen und ihr Studium
- typische Fehler vermeiden und Hilfe erhalten

sn.pub/FngKy3

Warum sind die Abbruchzahlen in Mathe so hoch?

Vielleicht haben Sie gehört oder gelesen, dass das Studienfach Mathematik eine der höchsten Abbruchquoten hat. Das stimmt zwar, sollte Sie aber dennoch nicht bei Ihrer Studienwahl verunsichern. Denn wenn wir uns die Abbruchzahlen studienfachübergreifend anschauen, stellen wir fest, dass sie in vielen Studiengängen recht hoch sind. Das liegt daran, dass einige Studis den Studiengang wechseln, weil sie merken, dass ihnen ein anderes Fach besser gefällt oder weil sie merken, dass Studieren generell nichts für sie ist. Manche haben vielleicht nicht damit gerechnet, dass sie nun komplett selbst verantwortlich sind und ihren ganzen Studienalltag und Stundenplan organisieren müssen. Anderen gefallen die Inhalte und die Wissensvermittlung an der Uni nicht und sie merken, dass sie schneller in die Praxis wollen. Einige hatten vielleicht nie vor, wirklich zu studieren, und haben sich aus anderen Gründen offiziell für ein Studium eingeschrieben.

Auch in der Mathematik gibt es solche Studienabbrüche, und die haben nicht immer etwas mit dem Fach Mathematik an sich zu tun. Hinzu kommt, dass Mathematik an vielen Studienorten zulassungsfrei ist. Daher schreiben sich manchmal Studis für Mathematik ein, um später zu ihrem Wunsch-Studienfach zu wechseln, welches strengere Zulassungsbeschränkungen hat. Manche Studiengänge haben sehr niedrige Abbruchquoten, weil es eine strenge Vorauswahl gibt, etwa über die Abiturnote oder Eingangstests. Daher sind Abbruchzahlen nur bedingt aussagekräftig. Aber es stimmt: Recht viele, die sich für ein Mathe-Studium einschreiben, brechen das ab, besonders viele im Lauf des ersten Studienjahres.

Wie sieht es nun mit den Studis aus, die ihr Mathe-Studium aus Gründen abbrechen, die wir noch nicht genannt haben? Wie in diesem Büchlein an vielen Stellen beschrieben, ist ein Mathe-Studium ein schönes, spannendes, aber eben

M. Jakob und R. Waldecker, *Was ich gern vor dem Mathe-Studium gewusst hätte*, essentials, https://doi.org/10.1007/978-3-662-69203-5_11

auch anspruchsvolles Studium. Die Studis müssen das ganze Semester über am Ball bleiben und regelmäßig Übungsaufgaben bearbeiten. Eine Woche vor der Klausur zum ersten Mal ins Vorlesungsskript zu schauen, reicht meistens nicht aus. Die Studis müssen sich intensiv mit dem Vorlesungsstoff auseinandersetzen und am besten viele Fragen stellen und mit anderen über den Stoff sprechen. Sie brauchen eine hohe Frustrationstoleranz und viel Geduld. Vieles verstehen sie nicht auf Anhieb und müssen unterschiedliche Aufgaben bearbeiten, Erklärungen hören oder selbst formulieren und mehrmals den Stoff wiederholen, bis das Verständnis einsetzt. Manchmal fällt der Groschen auch schrittweise, mehrmals nacheinander – jedenfalls ging uns das so. Viele Inhalte sind neu und haben auf den ersten Blick nichts mit der Schulmathematik zu tun, und damit rechnen einige Studis einfach nicht. Durch das Lesen dieses Büchleins sind Sie aber bereits einen Schritt weiter und Sie können sich besser darauf einstellen, was Sie in einem Mathe-Studium erwartet.

Aus unserer jahrelangen Erfahrung können wir sagen: Die Studis, die regelmäßig da sind, Fragen stellen und eine gewisse Portion Fleiß und Durchhaltevermögen mitbringen, bleiben dabei und schaffen das Studium meistens.

▶   **Unsere Tipps** Lassen Sie sich nicht in den ersten Wochen des Mathe-Studiums abschrecken, und schon gar nicht, bevor das Studium überhaupt angefangen hat. Es ist ganz normal, in den ersten Vorlesungen nicht so gut mitzukommen und das Gefühl zu haben, nur wenig zu verstehen. Sprechen Sie mit Ihren Mitstudis, dann merken Sie, dass es vielen so geht wie Ihnen.

Zum Reinhören

- Schwierigkeit der genauen Datenerfassung
- andere Fächer mit hohen Abbruchzahlen
- Abbruchzahlen in anderen Ländern
- Entscheidungen treffen

sn.pub/OTlNxf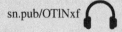

Wie sieht denn jetzt so ein mathematischer Beweis aus?

12

Vielleicht sind Sie durch das Lesen des Büchleins neugierig geworden und fragen sich, wie man denn nun eine Lösung zu einer Aufgabe, zum Beispiel einen mathematischen Beweis, aufschreiben muss, um volle Punktzahl in der Übungsserie zu bekommen.

Nehmen wir als Beispiel die folgende Aufgabe:

> Aufgabe: Beweisen Sie, dass die Summe zweier gerader ganzer Zahlen wieder gerade ist.

Bevor sie mit dem Beweisen anfangen, schreiben viele Studis erst einmal eine Behauptung auf:

> Behauptung: Die Summe zweier gerader ganzer Zahlen ist gerade.

Um einen ordentlichen Beweis aufschreiben zu können, müssen wir zuerst herausfinden, was denn eine „gerade ganze Zahl" überhaupt ist. Je nachdem, wen Sie fragen, bekommen Sie hierauf unterschiedliche Antworten. Wir schauen also ins Vorlesungsskript und finden:

M. Jakob und R. Waldecker, *Was ich gern vor dem Mathe-Studium gewusst hätte*, essentials, https://doi.org/10.1007/978-3-662-69203-5_12

Definition: Eine ganze Zahl $a \in \mathbb{Z}$ heißt gerade genau dann, wenn es eine ganze Zahl $m \in \mathbb{Z}$ gibt mit der Eigenschaft $a = 2 \cdot m$.

Jetzt können wir loslegen! Da es unendlich viele gerade Zahlen gibt, ist es nicht sinnvoll, einfach alle möglichen Summen zu bilden und nachzugucken, ob da jeweils eine gerade Zahl herauskommt. Wir brauchen also zwei Stellvertreter, die jede beliebige gerade ganze Zahl darstellen können. Diese nennen wir einfach mal a und b. Um zu kennzeichnen, dass wir nun mit dem Beweis anfangen, schreiben wir „Beweis:" davor:

Beweis: Seien a und b zwei beliebige gerade ganze Zahlen.

Was wissen wir dann über a und b? Wir schauen in die Definition und wissen nun:

Dann gibt es eine ganze Zahl m und eine ganze Zahl n so, dass gilt:

$$a = 2 \cdot m \text{ und } b = 2 \cdot n.$$

Seien m und n zwei solche ganzen Zahlen.

Dann bilden wir die Summe, denn um die geht es ja:

Dann ist $a + b = 2 \cdot m + 2 \cdot n$.

Wir wollen zeigen, dass diese Summe gerade ist. Laut Definition müssen wir also zeigen, dass es eine ganze Zahl gibt so, dass unsere Summe als das 2-fache dieser Zahl geschrieben werden kann. Klammern wir die 2 aus, so sieht man, dass die gesuchte Zahl $m + n$ sein muss. Wir müssen nur noch hinschreiben, dass das auch eine ganze Zahl ist und dann sind wir fertig:

Dann ist $a + b = 2 \cdot m + 2 \cdot n = 2 \cdot (m + n)$.

Da m, n und a, b ganze Zahlen sind, sind auch die Summen $m + n$ und $a + b$ ganze Zahlen. Somit ist $a + b$ per Definition eine gerade ganze Zahl.

Dass die Summe zweier ganzer Zahlen wieder eine ganze Zahl ist, haben wir hier einfach verwendet und nicht weiter begründet. Im besten Fall wurde das schon in der Vorlesung gezeigt und Sie können einfach darauf verweisen. Viele Mathematiker*innen malen ans Ende eines Beweises ein Symbol, z. B. ein Kästchen, oder sie schreiben „q. e. d." (quod erat demonstrandum) oder „w. z. b. w." (was zu beweisen war).

Wer nicht so viel Text mag, kann den Beweis auch mit logischen Symbolen aufschreiben. Das würde dann so aussehen:

Sei M die Menge aller geraden Zahlen. Dann gilt:

$$a, b \in M$$
$$\Rightarrow (\exists\, m, n \in \mathbb{Z} : a = 2 \cdot m \wedge b = 2 \cdot n) \wedge (a + b \in \mathbb{Z})$$
$$\Rightarrow (a + b = 2 \cdot m + 2 \cdot n = 2 \cdot (m + n)) \wedge (m + n \in \mathbb{Z})$$
$$\Rightarrow a + b \in M$$

Was die einzelnen Zeichen bedeuten und worauf Sie achten müssen, wenn Sie mit logischen Symbolen arbeiten, erfahren Sie in Ihrem Mathe-Studium.

Checkliste – Passt ein Mathe-Studium zu mir?

13

Im Folgenden haben wir ein paar Aussagen gesammelt, von denen wir denken, dass Sie Ihnen helfen können, einzuschätzen, ob Sie ein Mathe-Studium interessant finden und Spaß daran haben. Falls Sie vielen der Aussagen zustimmen, dann ist ein Mathe-Studium vielleicht etwas für Sie. Falls Sie die meisten Aussagen ablehnen, so ist ein Mathe-Studium wahrscheinlich nicht die beste Wahl für Sie, und dann lohnt sich eine Studienberatung, um das genauer zu besprechen und nach Alternativen zu schauen. Falls einige Aussagen nicht zu den Mathe-Aufgaben passen, die Sie bisher kennengelernt haben, dann überspringen Sie diese Aussagen bitte einfach.

- Ich habe Spaß an Knobelaufgaben.
- Ich habe Spaß daran, mich tief in eine mathematische Problemstellung hineinzudenken.
- Ich habe in Bezug auf Mathe-Aufgaben ein großes Durchhaltevermögen.
- Mit Rechnungen komme ich zwar klar, aber mich interessiert noch mehr, was hinter den Rechnungen steckt und warum sie so funktionieren.
- Ich finde es spannend, eine mathematische Aussage gründlich und in allen Einzelheiten zu untersuchen und zu beweisen.
- Ich finde es interessant, mathematische Inhalte auch auf nicht-vorstellbare abstrakte Bereiche zu erweitern.
- Ich habe auch Spaß an Mathe-Aufgaben, die keinen Realitäts- oder Anwendungsbezug haben.
- Ich habe einen Hang zur Genauigkeit.
- Ich habe Freude am präzisen logischen Denken und Argumentieren.

© Der/die Autor(en), exklusiv lizenziert an Springer-Verlag GmbH, DE, ein Teil von Springer Nature 2024
M. Jakob und R. Waldecker, *Was ich gern vor dem Mathe-Studium gewusst hätte*, essentials, https://doi.org/10.1007/978-3-662-69203-5_13

- Ich empfinde es als spannende Herausforderung, komplizierte Dinge verständlich zu erklären.
- Ich finde es interessant, ein schwieriges Problem aus verschiedenen Perspektiven anzuschauen.
- Ich bin bereit, „outside of the box" zu denken.
- Ich kann mehrere Wege zur Lösung eines Problems in Betracht ziehen und auch mal eine Idee verwerfen.
- Ich freue mich, wenn ich Fehler mit Humor nehmen und aus ihnen lernen kann.
- Ich kann mich auch mal von meinem bisherigen Denkansatz distanzieren und beurteilen, ob er zielführend ist.

Und sonst?

Um weitere Informationen über das Studium und die Studieninhalte verschiedener Studiengänge zu erhalten, empfehlen wir Ihnen, sich auf den Internetseiten der verschiedenen Hochschulen umzuschauen. Bei uns in Halle finden Sie zum Beispiel viele Infos auf der Seite https://www.ich-will-wissen.de/.

Darüber hinaus empfehlen wir Ihnen, einen Studieninformationstag an den Hochschulen zu besuchen, die Sie interessieren. Gehen Sie dazu auf die Internetseite der jeweiligen Hochschule, wählen Sie das Fach Mathematik aus und halten Sie Ausschau nach Informationen für Studieninteressierte. Haben Sie sich bereits für das Mathe-Studium und für den Standort entschieden? Dann sollten Sie herausfinden, ob es an Ihrer Hochschule einen Vorkurs gibt. Solche Kurse werden inzwischen an vielen Standorten angeboten und dauern eine oder mehrere Wochen, manchmal heißen sie auch Brücken- oder Auffrischungskurs. Falls Sie bereits vorab oder eigenständig die Schulmathematik wiederholen möchten, dann empfehlen wir Ihnen die Webseite *brueckenkurs-mathematik.de*. Dort werden alle Themen des Schulstoffs zur Vorbereitung auf ein Mathe-Studium zusammengefasst und es gibt Aufgaben zum Wiederholen und Üben. Falls Sie sich noch unsicher sind, was genau Sie studieren wollen, dann können Sie die Studienberatung an der Hochschule Ihrer Wahl kontaktieren. Meistens gibt es eine allgemeine und eine fachspezifische Studienberatung.

M. Jakob und R. Waldecker, *Was ich gern vor dem Mathe-Studium gewusst hätte*, essentials, https://doi.org/10.1007/978-3-662-69203-5_14

Zum Reinhören

- Dresscode und Höflichkeit
- Verhalten im Krankheitsfall
- Umfeld im Mathe-Studium

sn.pub/eDuwn5

Was Sie aus diesem *essential* mitnehmen können

- Was auch immer Ihre Fragen sind: Sie sind nicht allein damit!
- Viele der typischen Schwierigkeiten, gerade zu Beginn eines Mathe-Studiums, sind nur vorübergehend und teilweise sogar vermeidbar.
- Es stimmt, dass ein Mathe-Studium anstrengend und anspruchsvoll ist. Dadurch erlernen Sie viele Fähigkeiten und lernen viel über Ihre Persönlichkeit, was später im Berufsleben wichtig ist. Wenn Sie am Ball bleiben und die Hilfsangebote annehmen, schaffen Sie das!